U0348533

同济大学 1907-2017
Tongji University

同济大学中央高校基本科研业务费专项基金资助

文化创意产业对提升城市
人居环境质量的分析研究

徐 翔 著

同济大学 出版社
TONGJI UNIVERSITY PRESS

内 容 提 要

本书从文化创意产业对城市人居环境的经济、社会、文化、生活、生态等宜居质量的关系,结合理论分析以及结构方程模型等定量方法,分析新语境下文化创意产业和城市人居环境质量的互动架构,研究我国文化创意产业提升城市人居环境质量的实际关联效应与结构模型,考察我国文化创意产业与城市人居环境质量融合发展类型与特征,针对新时期我国文化创意产业发展和城市人居环境质量建设提出建议。

本书适合文化产业、城市发展方面的研究者、学习者与从业者阅读。

图书在版编目(CIP)数据

文化创意产业对提升城市人居环境质量的分析研究 / 徐翔著. -- 上海:同济大学出版社,2017.5
ISBN 978-7-5608-6892-9

Ⅰ.①文… Ⅱ.①徐… Ⅲ.①文化产业—产业发展—影响—居住环境—研究—中国 Ⅳ.①X21

中国版本图书馆 CIP 数据核字(2017)第 082473 号

文化创意产业对提升城市人居环境质量的分析研究
徐 翔 著

责任编辑 丁会欣	**责任校对** 徐春莲	**封面设计** 陈益平

出版发行	同济大学出版社　　www.tongjipress.com.cn
	(地址:上海市四平路 1239 号 邮编:200092 电话:021-65985622)
经　销	全国各地新华书店
印　刷	常熟市华顺印刷有限公司
开　本	787 mm×1092 mm　1/16
印　张	11.75
字　数	235 000
版　次	2017 年 5 月第 1 版　　2017 年 5 月第 1 次印刷
书　号	ISBN 978-7-5608-6892-9
定　价	36.00 元

C目录
ontents

第一章 绪 论

一、研究背景与意义

近年来,文化创意产业在全球范围内强势崛起,对经济、文化、城市等发展格局产生广泛渗透和深刻影响。我国文化创意产业在迅猛的成长中,与城市发展的渗透融合也更趋紧密和深入。对于文化创意产业背景下的城市人居环境构建,以及文化创意产业在提升城市人居环境质量中的机理模式、功能效应、测量评估等问题,其实证分析与专门研究仍有待继续深化。加强探讨城市文化创意产业发展和人居环境之间的耦合互动,挖掘发挥文化创意产业对于提升城市人居环境质量的作用,成为当前具有重要理论和现实意义的命题。

本书的研究,主要基于以下背景。一是我国快速迅猛的城市化进程对于人居城市、人文城市的发展要求。随着中国城市化规模的增长和城市化过程的深入,城市化质量调控和优化的重要性日益凸显。城市人居环境、宜居程度、人文质量等将持续成为我国当前和未来城市建设发展中的关注点,对城市的绿色低碳增长、文化转型、可持续发展不断提出更高要求。二是文化创意产业崛起升级的要求。中国文化创意产业经历了近年来的快速增长,成为显著的新兴经济支撑和部分城市的重要文化构成。如何促动文化创意产业在"后工业"阶段背景下的目标和结构优化,更深入地发挥文化创意产业在城市建设和城市文化发展中的催化带动效能,是我国文化创意产业发展升级的新理论课题和实践诉求。三是国家、区域、城市的文化软实力发展诉求。当前国际国内背景下,文化竞争在综合实力的竞争中日益具有焦点性和重心性。加强探索文化创意产业、创意城市、文化宜居城市等文化表现形态和承载形态的发展与融合互动,有助于我国加强创意文化、产业文化、城市文化的软实力提升,推进文化强国、文化城市的建设与转型升级。

本书的研究目标和意义包含以下方面。①战略意义方面,力求从新的城市化阶段和新兴知识文化经济的历史和理论视野中,审视文化创意产业在中国城市化转型和城市文化软实力构建中的作用,深化文化创意产业与城市发展的融合,挖掘释放文化创意产业在宜居城市和文化城市建设中的积极效能。②决策意义方面,在中央提出"文化强国"建设、突出文化产业发展、制定《国家新型城镇化规划(2014—2020 年)》等决策方略指向下,在当前我国凸出城市文化、创意经济、低碳发展、生态文明等要素的宏观背景下,及时探讨和丰富"新型城镇化"实施路径和文化创意产业优化升级构成。③实践意义方面,力求把握中国城市文化创意产业发展的现状、经验和问题,探索梳理城市文化创意产业的发展模式和路线,科学调查分析文化创意产业与城市文化、城市环境的结合嵌入,为城市文化发展与城市化质量提升提供及时可靠的支持。④学术意义方面,基于我国在文化创意产业提升城市人居环境质量的问题上还缺乏专门系统的理论研究的现状,在文化经济、文化城市、人居城市的多重坐标体系下,对文化创意产业提升城市人居环境质量的作用和机制进行多重分析审视,深化对于文化创意产业在提升城市人居环境质量中的作用、机制以及规律、机理的认识。

本书的研究,针对中国当前史无前例的城市化浪潮、"文化强国"建设的历史进程、新型城镇化的重大探索实践、绿色低碳和后工业时代的发展方式转变,紧扣城市化和文化创意产业的结合,探讨发挥文化创意产业在城市发展更新中的重大意义和转型作用。在学科视域上,基于文化和城市、生态、经济、社会、政治"多位一体"协调发展的新阶段理念视野,在城市文化学、文化经济学、城市规划学、城市管理学等多学科的紧密融合下,展开对于城市文化创意产业发展及其人居度建设的综合审视研究。研究方法上,本书在当前零散的理论探讨较多的情况下,针对文化创意产业提升城市人居环境质量问题,针对上百座城市展开数据资料收集和实证定量分析。在理念更新上,针对新阶段"创意人居"城市的建设与发展,从城市文化的内涵式增长、生态型发展、人本化导向、多样性活力、特色性规划的多角度进行战略和对策研究。

二、研究内容与结构

文化创意产业的发展对于城市人居环境的各方面都产生着深刻影响,不断提升城市人居生活质量,促进城市的可持续发展。本书在文化和城市、生态、经济、社会、政治"多位一体"协调发展的新阶段理念视野下,在城市文化学、文化经济学、城市规划学、城市管理学等多学科的紧密融合下,展开对于城市文化创意产业发展及其人居度建设的综合审视研究。具体而言,本书将从文化创意产业对城市人居环境的经济、社会、文化、生活、生态等宜居质量的关系,探究文化创意产业对城市人居环境的影响和作用。

研究的总体框架是在文化创意产业和城市化的快速发展视野中,从理论和实证的层面考察文化创意产业对于提升城市人居环境质量的作用,结合我国实际分析现状与对策。主要的内容包括:阐述文化创意产业和人居环境质量的理论内涵与构成;论析文化创意产业提升城市人居环境质量的理论基础,分析城市人居环境质量中的文化构成、人文向度及其与文化创意产业的关联;结合文化创意产业的内涵与特征,分析文化创意产业对于城市人居环境质量的功能实现,探讨新语境下文化创意产业和城市人居环境质量的互动框架;检验文化创意产业提升城市人居环境质量的作用关系和有效路径;测度我国文化创意产业提升城市人居环境质量的实际关联效应与结构模型;分析我国文化创意产业与城市人居环境质量融合发展类型与特征;针对新时期我国文化创意产业发展和城市人居环境质量建设提出战略与对策建议。

研究主要从以下方面依次展开。①文化创意产业与城市人居环境质量的理论构成研究。分别考察文化创意产业和城市人居环境质量的内涵和要素,从生产能力、创意阶层、创新能力的维度考察文化创意产业的构成和评价,从经济富裕度、社会和谐度、生活便适度、文化丰厚度、自然宜人度、绿色发展度的维度考察城市人居环境质量的构成和评价。②文化创意产业提升城市人居环境质量的作用路径研究。明确城市人居环境质量的文化创意向度,基于文化创意产业的特质和功能,梳理析解文化创意产业对城市人居环境质量的作用模式与机理。③对文化创意产业发展和城市人居环境质量的关联与影响进行实证检验。结合我国样本城市的数据和量化指标,基于文化创意产业的三因子模型和城市人居环境质量的六因子模型,通过相关分析和多元回归分析,统计检验分析文化创意产业对提升城市人居环境质量的影响和效能。④对文化创意产业提升城市人居环境质量的机理进行结构方程模型的拟合与检验。基于对我国城市的样本数据和测量指标,以文化创意产业的三因子和城市人居环境质量的六因子作为潜变量,构建文化创意产业驱动城市人居环境发展的结构模型,并对创意人居城市进行阐述。⑤对我国城市文化创意产业与人居环境的互动发展进行类型和特征的研究。采用聚类分析、多重对应分析、多维尺度分析等方法,在文化创意产业相关的 9 个指标和人居环境质量的 20 个指标的基础上,进行城市类型的定量挖掘和呈现,并为合理的城市战略与决策提供实证支持。

三、研究设计与方法

本研究以城市人居环境质量和文化创意产业的视域融合为框架,结合定量分析与定性研究、数据统计与实践案例、文献研究与数据挖掘,着重就我国文化创意产业提升城市人居环境质量问题进行实证研究,并进行理论分析、模型建构、评估测量和对策研究。在理论方面,综合文化经济学、城市规划学、城市文化学、文化地理学等跨学科资源,考察分析我国文化创意产业提升城市人居环境质量的构成、路径、方式。在实证方面,选取我国 127 个地级及以上城市作为样本,通过统计年鉴等资料获取方式进行数据采集,借助 SPSS、VBA 等统计分析与数据挖掘工具,采取回归分析、结构方程模型、聚类分析、多重对应分析、多维尺度分析等研究手段,对我国文化创意产业提升城市人居环境质量的作用机制、效应模式、现状特征进行检验和分析。

对城市的抽样,选取的是我国地级及以上城市。由于权威统计资料中部分指标数据的缺失和难以获得,最后选取 127 个城市作为样本,这些城市涵盖了北、上、广、深一线城市,以及杭州、天津、南京、苏州、兰州、乌鲁木齐、中山、克拉玛依、达州、北海等各类、各层次、各区域的城市,样本具有代表性。具体的城市如下:北京、天津、石家庄、保定、张家口、承德、太原、忻州、呼和浩特、赤峰、通辽、沈阳、大连、本溪、锦州、盘锦、长春、哈尔滨、上海、南京、徐州、苏州、南通、连云港、淮安、盐城、镇江、泰州、杭州、宁波、温州、湖州、金华、丽水、合肥、芜湖、蚌埠、淮南、铜陵、安庆、黄山、滁州、六安、福州、厦门、莆田、南昌、景德镇、萍乡、吉安、济南、青岛、淄博、泰安、郑州、开封、洛阳、新乡、濮阳、许昌、南阳、信阳、驻马店、武汉、黄石、十堰、宜昌、襄阳、荆州、黄冈、随州、长沙、株洲、湘潭、邵阳、张家界、郴州、永州、怀化、娄底、广州、韶关、深圳、珠海、汕头、江门、肇庆、惠州、梅州、东莞、中山、揭阳、南宁、柳州、桂林、梧州、北海、防城港、钦州、玉林、河池、崇左、海口、三亚、重庆、成都、绵阳、达州、贵阳、安顺、昆明、丽江、西安、榆林、商洛、兰州、嘉峪关、金昌、白银、天水、武威、张掖、酒泉、定西、陇南、乌鲁木齐、克拉玛依。

在量化指标的选取上,遵循科学性、针对性、系统性、独立性、可操作性、可比较性等原则,在对已有评测体系的理论研究基础上,确定对于文化创意产业发展和城市人居环境质量的测量指标。其中,文化创意产业在借鉴"3T"理论、"5C"模型等国内外理论成果的基础上,从文化创意产业的生产能力、创意阶层、创新能力三个方面加以测量;城市人居环境质量在参考和吸收国内外的人居环境科学和宜居城市研究成果,张文忠、李丽萍、宁越敏、杨保军等学者的城市人居环境质量评价体系,建设部宜居城市评价体系等理论和实践成果的基础上,从经济富裕度、社会和谐度、生活便适度、文化丰厚度、自然宜人度、绿色发展度六个方面加以衡量。后文的实证量化研究,都建立在此分析框架的基础上。

样本的各项数据取自《国民经济行业分类》《中国城市统计年鉴》《中国区域经济统计年鉴》《中国城市竞争力年鉴》《中国旅游统计年鉴》以及国泰安数据库和相关城市政府工作报告。由于数据存在更新相对迟缓问题,截至本研究的数据采集时间,尚有部分指标项的数据未及时更新。因此,本研究所采用数据的年份如无特殊说明,都是对2013年度状况的统计,以尽量保障各指标数据具有横向的同时性和可比较性。由于数据量纲不同,所有数据都进行了无量纲化处理,处理公式是: $x* = (x-\min)/(\max-\min)$。其中,$x*$ 是指标值,x 是原始数值,$\max$ 是该指标所有样本城市中的原始数值的最大值,$\min$ 是该指标所有样本城市中的原始数值的最小值,处理后的指标值在[0,1]的区间内。在相关分析、多元回归分析、聚类分析、多重对应分析、多维尺度分析等数据挖掘方法中,都采用了该无量纲化之后的值。而在结构方程模型的拟合检验中,采取的是常用的最大似然法(ML)参数估计方法,为符合该方法对于正态化数据的要求,经过SPSS的偏度、峰度检验和单样本 K-S 检验后,样本数据在上述无量纲化处理值的基础上进一步做了正态化的转换。

第二章　文化创意产业与城市人居环境质量的理论构成

一、文化创意产业的内涵与测量

(一) 文化创意产业的概念与内涵

文化创意产业是以创作、创造、创新为根本手段,以文化内容和创意成果为核心价值,以知识产权实现或消费为交易特征,为社会公众提供文化体验的具有内在联系的行业集群。1997年,英国文化、媒体和体育部(Department for Culture, Media and Sports, DCMS)下设的创意产业特别工作小组(Creative Industries Task Force),使用了创意产业(Creative Industries)这个术语,提倡、鼓励和提升人的原创力在英国经济中的贡献度。创意产业来源于个人的创意、技艺与才能,通过知识产权的形成和开发,具有创造财富和就业机会的潜力;创意产业的基础是具有创意艺术才能的个人,他们联同管理人员和技术人员,创造出可出售的产品,这些产品的经济价值在于其文化(或"智力")属性。英国对创意产业的分类包括了广告、建筑、艺术和古董市场、手工艺、(工业)设计、时装设计、电影、互动休闲软件、音乐、电视和广播、表演艺术、出版及软件等13个行业。2002年,新加坡成立了创意工作小组,公布了"创意产业发展战略"。创意产业和创意经济对于全球城市竞争的重要性再次得到凸显。新加坡将创意产业分为三大类:①艺术与文化类:包括表演艺术、视觉艺术、文学艺术、摄影、工艺、图书馆、博物馆、画廊、档案馆、拍卖、指挥、文化遗产胜地、艺术表演场所、节庆、艺术支撑企业。②设计类:包括广告设计、建筑设计、网页与软件设计、制图设计、工业产品设计、时装设计、沟通设计、室内设计、环境设计。③媒体类:包括广播、电视、含软件服务与计算机服务在内的数字传媒、电影与影像、灌装音乐、出版。①

　　我国对文化创意产业研究与实践相对于国外来说起步稍晚。本世纪以来，全国各区域、城市纷纷推出扶持文化创意产业发展的相关政策，我国各城市的文化创意产业发展风起潮涌。我国政府对文化产业极为重视，大力支持文化产业，使其能集群发展、迅速扩张。党的"十八大"再次将文化产业提到了新的历史高度，并确立到 2020 年时，将文化产业发展成为国民经济的支柱性产业。香港贸易发展局在 2002 年公布了题为《香港的创意产业》的研究报告，在报告中将创意产业界定为："源自个人创意、技巧及才华，通过知识产权的开发和运用，具有创造财富及就业潜力的行业。"2003 年出版的《香港创意产业基础研究》将创意产业分为 12 个类别，即广告、建筑、艺术品、古董及手工艺品、设计、数码娱乐、电影与视像、音乐、表演艺术、出版、软件与电子计算、电视与电台。中国香港特别行政区政府(2003)将"文化及创意产业"定义为，一个经济活动群组，开拓和利用创意、技术及知识产权以生产并分配具有社会及文化意义的产品和服务，以其成为一个创造财富和就业的生产系统。台湾地区"文化建设委员会"(2004)对文化创意产业的定义为：源自创意或文化积累，透过智慧财产的形成与运用，具有创造财富与就业机会潜力，并促进整体生活环境提升的行业。

　　文化创意产业是现代经济发展新阶段的体现与产物，这其中创新、创意、知识等要素在经济发展中起着核心作用，促进着城市经济方式的转型。约瑟夫·熊彼特在 1912 年就指出：现代经济发展的根本动力不是资本和劳动力，而是创新。他在《经济发展理论》中指出："所谓创新，就是建立一种新的生产函数，也就是说，把一种从来没有过的关于生产要素和生产条件的新组合引入生产体系。这种新组合包括以下内容：引入新技术和新产品，即新的生产方式；开辟新的市场；开拓并应用新的原材料；实现工业的新组织。"1986 年，经济学家罗默指出，伴随着新创意的出现，会出现一系列的衍生品，创造新市场和新财富，这使得创意成为推动一个国家、地区经济增长的重要动力。1990 年，哈佛大学管理学家迈克尔·波特从推动经济发展的动力差异角度提出经济发展的四个阶段，分别是"要素驱动阶段"（经济发展

---

①　上海市经济委员会，上海科学技术情报研究所.世界服务业重点行业发展动态 2005—2006[M].上海：上海科学技术文献出版社，2005:366.

的主要驱动力为传统的生产要素：劳动力、土地等资源要素）；"投资驱动阶段"（大规模投资和生产成为经济发展的主要驱动力）；"创新驱动阶段"（技术创新成为经济发展的主要动力源泉）；"财富驱动阶段"（人们对于高质量生活的追求成为经济发展的主要驱动）。这些理论都明确了创新在经济增长中的重要作用。经济发展阶段的更新，使得创意经济为主导的城市逐渐成为一种显著的态势。2001 年，术语"创意经济"出现在"创意经济之父"约翰·霍金斯的著作里，霍金斯指出："创造性和经济学都不是新东西。新的是他们之间的关系的性质和程度，以及他们如何组合起来创造非凡的价值和财富。"约翰·霍金斯认为，创意经济的原则有：个人是第一位的、教育是关键因素、工作和休息具有同样的价值、低准入门槛等。[①] 在《创意经济》一书中，霍金斯把创意产业界定为其产品都在知识产权法保护范围内的经济部门，他认为知识产权有四大类：专利、版权、商标和设计，每一类都产生于保护不同种类的创造性产品的愿望，加在一起这四种工业就组成了创意产业和创意经济。[②] 霍金斯对于"创意经济"术语的界定和使用，涵盖了从艺术到更广阔的科学技术领域的 15 个创意产业。

理查德·佛罗里达把世界的经济社会发展分为：农业经济时代（A）、工业经济时代（M）、服务经济时代（S）、创意经济时代（C）四个时期。在 1900 年以前，世界还处于农业经济时代，那时的经济主要以农业为主，工业经济、服务经济和创意经济还处于萌芽状态；1900—1960 年间，工业经济迅速崛起，成为世界的主导经济，而农业经济在经济社会扮演的角色开始退缩，服务经济和创意经济在此期间有所发展；1960—1980 年间，在世界范围内服务经济超过工业经济成为领头羊，工业经济经过成熟期占世界经济的份额开始有所下降，创意经济则进一步的开始发展；1980 年以来，虽然服务经济依然占据主导地位，但是创意经济增长速度很快，有着超过服务经济的趋势，因此创意时代已经到来。在创意时代，推动经济增长的主要因素不再是技术也不是信息，而是创意。经济不再主要是由其自然资源、工厂生产能力、军事力量，或者科学和技术构成，而是围绕着动员、吸引和留住具有创意才能的人才。我国学者厉无畏也认为，现代经济增长方式经历了五次大的转型：①18 世纪中期，以投资为驱动要素，以

---

① 约翰·霍金斯. 宗玉，译. 创意经济是发展的杠杆[J]. 上海戏剧学院学报. 2006,(3):13-16.

② John Howkins. The Creative Economy：How People Make Money from Ideas[M]. London：Allen Lane, 2001.

资金代替土地、初级劳动力等作为发展主导要素的工业经济初期;②19世纪后期到20世纪中期,以技术替代资金作为驱动要素的工业经济时代;③20世纪50年代至80年代,以信息替代技术作为驱动要素的信息经济时代;④20世纪80年代至90年代,以知识替代信息作为驱动要素的知识经济时代;⑤20世纪末至今,以文化创意替代知识作为驱动要素的创意经济时期。① 创意经济的理论和现象,对城市发展方式的转型提出要求,城市不能再拘泥于传统的增长方式和阶段,创意城市成为全球范围内众多城市、特别是发达城市强调的新的重要目标。

(二)城市文化创意产业发展的评测

对城市文化创意产业的发展有多种评价方式,例如,基于"3T"理论的创意指数,基于"5C"模型的香港创意指数等。美国学者理查德·佛罗里达(R. Florida)提出的包括技术(technology)、人才(talent)和包容度(tolerance)在内的"3T"理论,他认为这三者是构建创意城市的关键要素。"技术"指工业或商业中科学技术的应用;"人才"指受过高等教育及有创意能力的优秀人才;"包容度"指承认并尊重他人的信仰或行为的能力,以及城市对新创意的容纳、接受和保护程度。佛罗里达在"3T"架构的基础上提出的"欧洲创意指数",其中包含三个细化指数:科技指数、人才指数和宽容度指数。详见表2-1。

表2-1 创意指数

总指标	一级指标	二级指标	测度变量
创意指数	技术指数	高科技指数	高科技产业产出占全国高科技产出的比例
			高科技产业产出占当地全部产出的比例
		创新指数	专利申请总量的年增长率
	人才指数		创意阶层人数占总人口的比例
	宽容度指数	同性恋指数	某地区同性恋人数占总人口的比例
		波西米亚指数	某地区波西米亚人口比例与全国波西米亚人口的比例
		熔炉指数	外国移民占总人口的比例

爱德华·格雷泽(Edward L. Glaeser)认为佛罗里达的"3T"理论局限于传统

---

① 厉无畏.创意改变中国[M].北京:新华出版社,2009.

的人力资本理论。他提出创意城市的"3S"理论,认为技能(skills)、阳光(sun)和城市蔓延(sprawl)是影响创意城市形成和发展的真正决定因素,其中,阳光主要是指气候等自然因素,城市蔓延主要是指居住条件等社会环境。

2003 年,香港提出了国内首个城市创意经济测度体系——香港创意指数(HKCI),构建了由制度资本、人力资本、社会资本和文化资本及创意成果/产出的"5C"模型①。香港政府的考虑是,当时现有的用于评价香港经济地位的大多还是传统方法,所采用的指数有 GDP、年度经济增长、公共事业的开支、外汇储备、生活开支、失业率,或在世界城市中香港的经济竞争力等,而仅有这些,已远不能显现香港经济日益依赖于"知识"、"信息"和"创意"的结构特征。香港创意指数有五方面的二级指标,分别为:创意的成果指数,主要指创意经济的贡献、创意活动的经济成分、其他创意活动成果;结构及制度资本指数;人力资本指数,包含研发支出、教育公共开支、研究人员数量、高学历人口数等;社会资本指数,包括接受多元化和包容的程度,政治活动的参与以及社会活动的参与等;文化资本指数,包括在日常生活中与文化、艺术和创意有关的特定活动和特质。② 2006 年,台湾地区在香港创意指数基础上,根据自身的实际情况进行了评价系统的构建。台湾创意绩效指标系统以整体产业体系为对象,强调以创意为产业核心。创意经济是由多个环节构成的产业链(创意形成、生产制造、物流、营销、消费等),包括对产业规模、政府投入、经济效益、研究与发展、市场化、竞争力、人力资源和消费的综合评价。

2005 年,上海市设立了上海创意指数,用以度量和评估上海市创意产业的发展状况以及与其他城市相比较的创造活力,确定了五项与创意效益相关的指标,分别为产业规模、科技研发、文化环境、人力资源以及社会环境。③ 该指数包括产业规模、科技研发、人力资源、社会环境、文化环境五个维度,所占权重分别为:产业规模占 30%,科技研发占 20%,文化环境占 20%,人力资源占 15%,社会环境占 15%。产业规模指标包括创意产业的增加值占全市增加值的比重和人均 GDP 这两个分指标。科技研发指标包括研究发展经费支出占 GDP 比值、高技术产业拥有自主知识产权产品实现产值占 GDP 比值、高技术产业自主知识产权拥有率、每十

---

① 香港民政事务局,香港大学文化政策研究中心.创意指数研究[R].2004.

② 同上。

③ 上海创意产业中心.上海创意产业发展报告[R].2007.

万人发明专利申请数、每十万人专利申请数、市级以上企业技术中心数 6 个分指标。文化环境指标包括家庭文化消费占全部消费的百分比、公共图书馆每百万人拥有数、艺术表演场所每百万人拥有数、博物馆纪念馆每百万人拥有数、人均报纸数量、人均期刊数量、人均借阅图书馆图书的数目、人均参观博物馆的次数、举办国际展览会项目 9 个分指标。人力资源指标包括新增劳动力人均受教育年限、高等教育毛入学率、人均高等学校在校学生数、户籍人口与常住人口比例、国际旅游入境人数、因私出境人数、外省市来沪旅游人数 7 个分指标。社会环境指标包括了全社会劳动生产率、社会安全指数、人均城市基础设施建设投资额、每千人国际互联网用户数、宽带接入用户数、每千人移动电话用户数、环保投入占GDP 百分比、人均公共绿地面积、每百万人拥有的实行免费开放公园数 9 个分指标。[①]

　　中国人民大学的彭翊提出的城市文化产业评价体系包括产业生产力、产业影响力、产业驱动力三方面,其次级指标包括文化资本、人力资源、创新环境等。[②] 该指标体系被用于对我国城市文化产业发展的实际测评中,并联合文化部文化产业司向社会发布"中国省市文化产业发展指数"评测结果。详见表 2-2。

表 2-2　城市文化产业发展评价体系

产业生产力	文化资源	文化场馆、高等院校、非遗、文化产业基地和园区数量等
	文化资本	广电新闻出版、广告、文化旅游等的固定资产投资
	人力资源	广电、新闻出版、广告、文化旅游等的从业人员
产业影响力	经济影响	文化产业的产出、人均收入、集聚效应等
	社会影响	文化场馆的活动量和服务情况、文化氛围、文化包容等、文化形象等
产业驱动力	市场环境	文化消费支出、知识产权保护、融资渠道等
	公共环境	政策支持、专项基金支持等
	创新环境	人均科研经费、高级职称人员、国际交流等

　　于启武(2008)提出北京创意指数。[③] 郑玲玲(2009)提出了"创意集群指数

---

① 上海创意产业中心.上海培育发展创意产业的探索与实践[M].上海:上海科学技术文献出版社,2006.

② 彭翊.中国城市文化产业发展评价体系研究[M].北京:中国人民大学出版社,2011:189-195.

③ 于启武.北京文化创意指数的框架和指标体系探讨[J].艺术与投资,2008(12):67-71.

(Creative Cluster Index)",设计了包括产业规模、产业特色、产业集聚、产业品牌效应 4 个一级指标和 25 项二级指标。杨秀云、郭永(2010)基于波特钻石模型提出了产业资源、产业运作、支撑产业、需求条件、政府行为和机会 6 项一级指标构成的创意产业国际竞争力评价指标体系。① 孙磊(2010)提出了包括创造力、生产力、驱动力、影响力 4 大指标、12 个影响因素,简称 CPDE 评估体系。② 肖永亮(2010)提出了一套城市创意指数指标体系,共设计了文化产业规模、城市管理、创意人才、文化传统与特色、技术创新与应用、工业及服务、居民消费和习惯、居民生活环境与生活质量以及信息平台共 9 个一级指标、17 个二级指标、118 个三级指标。③ 张科静、仓平、高长春(2010)基于 TOPSIS 与熵值法的城市创意指数评价研究将创意指数划分为经济、技术、人力、文化、社会和制度资本 7 个一级指标和 19 个二级指标。④ 这些评价体系的研究为本研究提供了基础和借鉴。

结合课题的着重点与理论内涵的需求,本研究从生产能力、创意阶层、创新能力三方面量化测度城市的文化创意产业发展。其一是和文化创意产业的关联最为直接的生产能力,主要指其产业规模、产值水平,直接反映着文化创意产业作为一种产业形态在城市的发展程度和水平。文化创意产业在我国和全球城市中发展的最为重要和直接的体现之一,就是其日益庞大瞩目的产值和经济效益,也是其作为文化经济和创意经济的结果呈现。其二是文化创意产业发展的创意阶层,意指文化创意产业的人才聚集和人力资源。其三是文化创意产业发展的创新能力,是关系到文化创意产业最为核心的内容创新、知识创新、技术创新、艺术创新等方面的能力。

文化创意产业的发展需要和伴随着具有高度活力和创意人群,他们是文化创意产业的重要特质构成。理查德·佛罗里达在《创意阶层的崛起》一书中指出,创意在当代经济中的异军突起,表明了一个职业阶层的崛起。除了劳动者阶层、服务业阶层以外,一个新的阶级悄然兴起,这就是创意阶层(Creative Class)。属于创

---

① 杨秀云,郭永.基于钻石模型的我国创意产业国际竞争力研究[J].当代经济科学,2010(1):90-97.

② 孙磊.城市文化创意产业评估体系[D].武汉:中国地质大学,2010.

③ 肖永亮,姜振宇.创意城市和创意指数研究[J].同济大学学报(社会科学版),2010(6):49-57.

④ 张科静,仓平,高长春.基于 TOPSIS 与熵值法的城市创意指数评价研究[J].东华大学学报(自然科学版),2010(2):81-85.

意阶级的人们从事各种不同的行业,但其中一个共同点就是他们经常会有创新的想法,发明新技术,从事"创造性"的工作。创意阶层的人们有一些共同的特点:始终保持创新的想法和冲动,具有发现表面离散的事物间的内在关联的能力,具有原始创新特别是集成创新的能力;崇尚创造实现人生价值的价值观,尊重与发展个性,选择职业时除关注工资以外还特别重视工作的意义、工作的灵活性;喜爱开放和多样化的社会环境,重视社会认同感,重视不断学习与掌握新知识、新技能。创意阶层分为"具有特别创造力的核心"和"创造性的专门职业人员"。具有特别创造力的核心(Super-Creative Core)由从事科学和工程学、建筑与设计、教育、艺术、音乐和娱乐的人们构成,他们的工作是创造新观念、新技术和(或)新的创造性内容。同时,创意阶层还包括更广泛的群体,即在商业和金融、法律、保健以及相关领域的创意专业人才,这些人是解决复杂问题的关键人物,他们必须作出许多独立的判断,拥有高水平的教育和技能资本。创意阶层的兴起和汇集与创意城市的发展紧密关联。佛罗里达的研究指出,创意阶层主要集中的区域往往也是创意和高科技产业的中心,如华盛顿特区、波士顿、奥斯汀等,都是美国创意人才指数靠前的城市。创意阶层在城市中密集,丰富了美国城市创意人才,增强城市创新氛围,完善城市创新体系,并吸引更多的创意者来到该区域。创意阶层对于文化创意产业和创意城市而言具有不言而喻的特殊意义,佛罗里达指出,世界经济实际上是围绕着一群称之为"全球人才磁石"的城市运转着,创意城市是"全球人才磁石"。

英国著名的城市研究学者彼得·霍尔在《城市文明:文化、科技和城市秩序》一书中,对一些著名的不同城市进行研究,例如公元前 500 年的雅典、14 世纪的佛罗伦萨、16 世纪的伦敦、18—19 世纪的维也纳、19 世纪的巴黎等 21 个城市,跨时2500 年,阐述城市和"新事物"之间的动力关系。霍尔发现这些城市在发展进程中,都具有一个短暂的、10～20 年的关键发展时期,大量的新事物不断涌现,融合并形成一种新的社会,他称之为城市发展中的"黄金时代"。这些城市爆发的创造力,其发生依赖于某个地方的某一群人,城市正是这样一种地方:各种各样的人在这里聚集交流,不断地创造着"新事物"。他们中有企业家、艺术家、知识分子、学生和行政管理人员,他们来自五湖四海不同的民族,将不同文化集中在一起,不同文化的交流融合、碰撞激越,为创新提供了不竭的动力。文化创意产业是以创意为核心的产业,而人则是创意的来源。事实上,"几乎所有保持了长久生命力的世界著名企业都是创意高度发达的企业,而多数世界著名企业家都是富有创意、推崇创意的企业家"①。从根本上看,文化创意产业的高速发展依靠文化创意人力资本以及创意阶层的投入产出。

创新能力同样是城市的文化创意产业发展应具有和呈现的品质。创意经济最为重要和关键的特征之一是其创新性和创造性。例如在佛罗里达的"3T"理论中,无论是技术指数还是人才指数或包容指数,都指向对于创新的追求和激发。不仅高科技是城市创新素质的表现,佛罗里达也直接将创新指数纳入其创意指数中。同时,创新也并非简单地依赖文化创意经济以及创意阶层就可以完成的,它需要一个城市为此提供和准备丰厚的创新土壤。城市文化创意产业的发展需要有良好的创新氛围,从而促进与激发城市的创意质量。霍斯帕斯认为,创意并不仅仅是一项人工的产品,而是环绕于巧合而不可预料的环境当中。斯科特指出,创意并非可以简单地依靠逍遥的电脑黑客、溜冰者、同性恋和各种波西米亚族就能植入城市,而必须在特定的城市文脉中通过生产、工作和社会生活之间关系的交织综合才能有机地形成。关于城市的创新环境,研究者们对此做了多样探索。法国学者艾达洛提出创意环境的形成需要4个要素:人与人之间的信息传递;知识或信息的存储;活动之间的竞争以及创造力。他认为本地环境尤其是其社会人文环境,作为创新的"温床"或孵化器,对创新的产生具有决定性作用。② 安德森(A. E. Andersson)提出创新环境的形成需要具备六个关键条件:一定的知识储备基础和竞争力,经验需求和实际机会之间的不平衡,多样化的环境氛围,健全并且不太受规制的金融基础,个人必须具备交流的能力和出行的可能,结构性的不稳定或对未来的不确定性。③ 这些论述角度各异,然而需要注意的是,都高度重视创新环境和创新能力的培育,而不是将其与创意人才、创意阶层直接等同。对于城市文化创意产业发展的

---

① 金元浦. 培养文化产业的"波西米亚族"——由弗罗里达的"创意阶层"谈起[N]. 中国社会科学报,2010-12-21(015).

② Keeble D, Aydalot P. High Technology Industry and Innovative Environments: The European Experience[M]. London: Routledge,1988.

③ Andersson A. Creativity and Regional Development[J]. Papers of the Regional Science Association,1985(56):5-20.

评价,也需将创新能力作为其重要的构建环节。

二、城市人居环境质量的内涵与测量

(一)城市人居环境的概念与内涵

城市的人居环境质量是城市发展的重要向度。19 世纪末和 20 世纪以来,霍华德、盖迪斯、芒福德等学者从城市规划、从区域的人本发展角度,指出城市和区域不仅是地域的范畴,而且是地理要素、经济要素、人文要素的综合体,要使城市环境变得自然而适于居住。霍华德提出"田园城市"的范畴,突出城市的适宜人居性。格迪斯研究人与环境的关系、现代城市成长和变化的动力以及人类居住与地区的关系,强调把自然地区作为规划的基本框架,即分析地域环境的潜力和限度对居住地布局形式与地方经济体的影响,突破了城市的常规范围。①

1954 年,希腊著名建筑师、规划学家道萨迪亚斯(C. A. Doxiadis)提出"人居环境科学"的概念和理论,即"Science of Human Settlement",强调对人类居住环境的综合研究,并于 1975 年完成著作《人类聚居学与生态学》。"道氏提出三大基本人类聚居定理:①人类聚居发展定理。人类聚居是为满足各种需求而创建,最终目的是满足人类幸福和安全的需求。强调时间是聚居发展的必要因素,它不仅对聚居的发展,而且对聚居的存在都是必要的。当聚居不能为居民提供服务时,聚居就开始走向衰亡。②人类聚居内部平衡定理。聚居的各项元素之间处于动态平衡,在聚居形成的每一阶段,各元素之间的平衡都以不同方式出现。从空间的角度看,所有元素的平衡中,人的尺度平衡最为重要。③人类聚居物理特性定理。聚居的区位、规模、功能、结构和形态是构成人类聚居的基本物理特性,也是人类聚居的基础。"②随着城市规划理念以及城市科学的发展,对舒适和宜人的城市环境的追求及其地位逐渐得到确立和加强。D. L. 史密斯在其著作《宜人与城市规划》中,倡导宜人的重要性,他认为,宜人的内涵包括三个层面的内容:①在公共卫生和污

①　Geddes P. Cities in Evolution: An Introduction to the Town Planning Movement and the Study of Civicism[M]. New York: Howard Ferug, 1915.

②　李陈. 中国城市人居环境评价研究[D]. 上海:华东师范大学,2015.

染问题等层面上的宜人;②舒适和生活环境美所带来的宜人;③由历史建筑和优美的自然环境所带来的宜人。① 美国学者加尔布雷斯于 20 世纪 50 年代提出了人居生活质量的概念,20 世纪 80 年代关于城市人居生活质量的综合评价研究开始丰富起来,很多国家建立了各种研究组织围绕城市人居生活质量进行专题研究,如澳大利亚的"悉尼城市发展组织"、美国和加拿大联合组织的"城市及居住发展组织"等。

1976 年的人居大会首次提出全球范围内的"人居环境(Human Settlement)"概念,大会通过了《温哥华人类住区宣言》,提出改善人类生活质量是每个人类住区政策的首要目标。联合国人居署从 1989 年开始创立"联合国人居奖",表彰在人类住区发展中做出重要贡献的政府、组织、个人和项目。1996 年,联合国召开第二届人类环境大会,明确指出了城市的宜居性概念。国外的城市对宜居性予以重视,例如温哥华早在 20 世纪 70 年代就开始关注城市的宜居性建设,2003年的《大温哥华地区长期规划》中将宜居城市的建设作为一个长远且重要的目标。

20 世纪八九十年代以来,我国学者借鉴西方学术思想,构建和提出了中国的人居环境科学,开始关注并研究城市人居环境,这股潮流逐渐升温。吴良镛主编的《人居环境科学导论》基本上确立了我国"人居环境科学"的理论框架,提出人居环境指的是人类居住生活的、自然的、经济的、社会和文化环境的总称,其中涵盖了居住条件、与居住环境相关的自然地理状况、生态环境、生活便利程度、教育和文化基础、生活品质和社会风尚等方面。② 吴良镛指出,对人居环境的研究要从政治、经济、社会、文化等各个方面进行。基于中国情况,将生态、经济、技术、社会、人文作为人居环境的基本要求,称为五大原则。③ 李王鸣就城市人居环境的内涵指出:"城市人居环境是指人类在一定的地理系统背景下,进行着居住、工作、文化、教育、卫生、娱乐等活动,从而在城市立体式推进的过程中创造的环境。"④宁越敏在对小

① Asami Y. Residential Environment: Methods and Theory for Evaluation[M]. Tokyo: University of Tokyo Press, 2001.

② 吴良镛. 人居环境科学导论[M]. 北京:中国建筑工业出版社,2001.

③ 同上。

④ 李王鸣. 城市人居环境评价——以杭州城市为例[J]. 经济地理,1999(2):38-42.

城镇的研究中,分析了人居环境系统的结构内涵,以人为最核心的层次,辐射到建
设环境、社会人文环境、经济环境以及社会生态环境,如图 2-1 所示①。

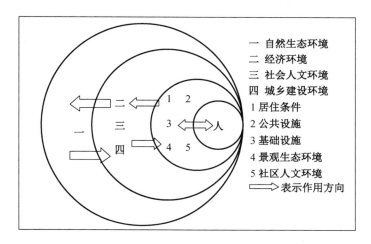

一　自然生态环境
二　经济环境
三　社会人文环境
四　城乡建设环境
1 居住条件
2 公共设施
3 基础设施
4 景观生态环境
5 社区人文环境
⟹ 表示作用方向

图 2-1　小城镇人居环境系统结构

城市人居环境质量包括以人为本、适宜居住、全面可持续发展等主要和基本的
要义。例如叶文虎指出,宜居城市要有充分的就业机会,舒适的居住环境,以人为
本,是可持续发展的城市。② 本文认为,对人居城市、城市人居环境质量的考察和
评价,离不开以下内涵要求与衡量尺度。

其一,城市人居环境构建应符合人本主义,人居环境是对人本性的重视。在城
市发展历史中,曾经出现过重视城市"机器"、重视物而忽视人的感受与主体地位的
现象。芒福德在 1961 年出版的《城市发展史:起源、演变和前景》一书中,从人本主
义角度批评了城市更新运动,认为大规模的城市更新将破坏城市的有机机能。明
确提出了"城市的最好运作方式就是关心人,陶冶人","强调以人的尺度从事城市
规划"。E.F.舒马赫也在《小就是美》中强调城市更新要反对技术至上的规划理

---

① 宁越敏,项鼎,魏兰.小城镇人居环境的研究——以上海市郊区三个小城镇为例[J].城市规划,2002
(10):31-35.

② 叶文虎.环境管理学[M].北京:高等教育出版社,2000.

念,在城市发展中采用"以人为尺度的生产方式",注重人的尺度和需要①。伊利尔·沙里宁认为:"凡是按人类的本性和需要来建设城市都符合城市发展规律,否则,都是违背城市规律的。应始终把合乎人情与方便生活作为主题,试图设想城市逐步走向未来的发展远景。"雅各布斯在《美国大城市的死与生》书中提出了"多样性是城市的天性"的重要思想,成为回归人本主义城市实践的重要理论基础。在处理人与人关系的问题上,《雅典宪章》提出的规划理念表现为功能主义和技术主义的价值取向,而忽视了人的社会交往、民主参与等高层次需求。《马丘比丘宪章》则考虑到了人的全面发展,强调"人与人相互作用与交往是城市存在的基本根据",并提出"同样重要的目标是争取获得生活的基本质量以及与自然环境的协调",这也是城市人居环境应有之义。我国学者吴良镛提倡,人居环境的核心是"人",人居环境研究以满足"人类居住"需要为目的。田银生、陶伟表示,要创造现代城市的宜人环境,首先要强化人们对于城市"人居环境"的认识,明确工作的对象和任务,体现个性特征。注重人的生理与自然元素的有机结合;创造良好的文化生态环境满足人的情感需求;照顾到特殊人群的特殊需求②。张文忠认为,"宜居城市"是居民对城市的一种心理感受,这种感受与居民的个人属性,即年龄、性别、职业、收入和教育程度等密切相关,因此,对"宜居城市"的评价和宜居建设的重点要充分考虑居民的评价,而不能单纯出自政府的主观意愿。③

其二,城市人居环境应符合适宜居住的要求。适宜居住既是针对作为城市居民的"人"这个核心,又是对城市环境综合完善的要求。诚如张文忠所总结的,"宜居城市"有一个共同的准则,就是生活在那里的居民认为这是最适宜于自己居住和生活的城市。④ Timothy D. Berg 提出宜居城市运动这一概念,认为宜居城市运动的核心思想就是重塑城市环境,在城市形态上,要建设适合行人的道路和街区,恢复过去的城市肌理;在城市功能上,要实现城市的工作、居住、零售等综合职能;应

---

① Schumacher E F. Small is Beautiful: Economics as if People Matters[M]. New York: Harper and Row, 1973.

② 田银生,陶伟. 城市环境的"宜人性"创造[J]. 清华大学学报(自然科学版),2000(S1):19-23.

③ 张文忠. 宜居城市的内涵及评价指标体系探讨[J]. 城市规划学刊,2004(3):30-34.

④ 同上。

增强城市的多样性,使城市变得更适宜一般市民的居住。① Evens P. 重视城市的宜居性,认为适宜居住意味着工作地充分地接近居住地,收入水平与房租相称,能够接近提供健康生活环境的设施;对工作和住房的追求不能以降低城市环境质量为代价,居民不能用绿色和新鲜的空气去交换薪水。② 1961 年 WHO 总结了满足人类基本生活要求的条件,提出了居住环境的基本理念,即安全性(Safety)、健康性(Health)、便利性(Convenience)、舒适性(Amenity)。美国《财富》杂志对全美宜居城市进行的年度评选,其评价基于对市民的调查,把宜居性至于重要位置。③ M. Douglass认为宜居城市的重要组成部分包括环境福扯、个人福社和生活世界,环境福扯包括洁净和充足的空气、水、土等,废弃物的处理能力和环境正义等;个人福扯包括减少贫困,增加就业、教育与医疗设施等;生活世界主要是指城市生活中的社会性,强调城市中的社会空间,如绿地或其他空共空间等,它反映城市居民对生活的满意度的主观评价。④⑤

　　其三,城市人居环境应具有可持续发展性。优质的城市人居环境,应不损害其资源、环境、生态等方面的可持续发展能力。人居城市在讲究人本和适宜居住的基础上,包含了对于市民公众的整体居住环境、公共空间的塑造,它的宗旨离不开居住地的可持续发展。宜居城市要为后代保留完整的资源,满足当前居民在不减少后代的资源容量的情况下的所需。Salzano 从可持续的角度发展了宜居的概念,认为宜居城市连接了过去和未来,它尊重历史的烙印(我们的足迹),尊重后代。⑥ Asami(2001)也强调城市环境的可持续性,他认为,对于人们居住的环境,不仅要

---

① Timothy D B. Reshaping Gotham:The City Livable Movement and the Redevelopment of NewYork City,1961—1998[D]. West Lafayette Purdue University Graduate School, 1999:1-54.

② Evans P. Livable cities? Urban Struggles for Livelihood and Sustainability[M]. Berkeley: University of California Press,2002.

③ Pitt B. Livable communities and Urban Forests [J]. The City,2001(11).

④ Douglass M. From Global Intercity Competition to Cooperation for Livable Cities and Economic Resilience in Pacific Asia[J]. Environment and Urbanization,2002(1): 53-68.

⑤ Douglass M. Special Issue on globalization and civic space in pacific asia[J]. International Development Planning Review, 2002(4): 24.

⑥ Salzano E. Seven Aims for the Livable City [C]. International Making Cities Livable Conferences. California: Gondolier Press, 1997.

从个人获得的利益(或损害)的角度来考察,如"安全性"、"保健性"、"便利性"、"舒适性"等,也要考虑个人对整个社会做出了何种程度的贡献,即必须建立起"可持续性"的理念。[①] 埃文斯认为城市宜居性概念包含两个方面的含义,一是适宜居住,二是符合生态可持续发展的要求。[②] 我国学者认为生态城市、山水城市、可持续发展人居环境等是理想的人居模式。从生态城市的历史渊源、内涵、特征及建立生态城市的重要性和可采取的方针策略来看,生态城市是 21 世纪人居环境的理想模式之一。钱学森先生提出了"山水城市"概念,引起了城市科学和城市规划界的重视,认为山水城市是一种思想理念,是城市的一种形态模式,要体现东方文化,城市建设结合自然并体现历史、艺术等。[③]

其四,城市人居环境是综合全面构建的。人居环境对于人的满足、对于适宜居住性的满足,都不是单一的尺度可以实现的,而是建立在城市对于人的全面满足和完善的基础上,涉及生活、生态、经济、社会、文化的"多位一体"交互与融合。在此意义上,人居环境有狭义和广义之分。狭义的人居环境指的是人的居住环境,是居民生活的场所和进行社交活动、自然接触的空间;而广义的人居环境则是物质环境、经济环境、社会环境等多方面综合的人类居住系统。同样,对于宜居城市来说,也有狭义和广义之分,狭义的宜居城市主要指气候条件、生态、人工环境等的适宜居住性,广义的宜居城市则包含经济繁荣、社会和谐、文化浓厚、设施完善,不仅仅是适宜居住,还包括适宜生活、适宜就业、宜行、各种资源丰富完备的要求。如李丽萍所说,宜居城市是指经济、社会、文化、环境协调发展,人居环境良好,能够满足居民物质和精神生活需求,适宜人类工作、生活和居住的城市,即人文环境与自然环境协调,经济持续繁荣,社会和谐稳定,文化氛围浓郁,设施舒适齐备,适于人类工作、生活和居住的城市。[④]

---

① Asami Y. Residential Environment: Methods and Theory for Evaluation[M], Tokyo: University of Tokyo Press, 2001.

② Evans P. Livable Cities? Urban Struggles for Livelihood and Sustainability [M]. Berkeley: University of California Press,2002.

③ 鲍世行. 山水城市:21 世纪中国的人居环境[J]. 华中建筑,2002(4):1-3.

④ 李丽萍,吴祥裕.宜居城市评价指标体系研究[J].中共济南市委党校学报,2007(1):16-21.

（二）城市人居环境质量的评测

对城市人居环境的质量测度与评价,是在城市人居环境的内涵与要义基础上进行。国内外的研究者对此提供了丰富的成果和借鉴。本节从城市人居环境、宜居城市的评价方式和评价指标入手考察,并结合本书的主旨和需要,提出适切理论内涵、切合本课题、具有可操作性的评价指标。

1. 对城市人居环境质量的评价

美国的约翰斯坦(Jonhston,1973)等学者在研究影响人们对居住区的舒适度评价的因素中,发现以下 3 大因素影响着居民对居住环境的评价:①人类以外的环境要素,主要是指居住区的自然景观特征;②人与人之间的环境要素,主要是指邻里的社会特征,包括居住区居民社会联系的紧密程度、群体特征、居民受教育程度的高低、职业种类、经济收入水平等社会因素;③居住区的位置。① 1997 年,美国对301 个参与评选"居家最佳地区"的都市区制定了相应的评价指标,主要包括以下指标:犯罪率、毒品问题、公立学校情况、医疗状况、环境清洁水平、生活费用、经济增长情况、学校课外活动质量、距大学的距离等。它们大致可分为安全问题、教育环境、健康环境和生活水平等四个方面。浅见泰司在《居住环境评价方法与理论》一书中,在 WHO 健康的人居环境四个基本理念安全性、保健性、便利性、舒适性的基础上引入可持续性。② 其"居住环境调查要素系统"见表 2-3。

表 2-3　居住环境调查要素系统

项　　目		目　　的
安全性	日常安全性	防范性能
		交通安全性
		生活安全性
	灾害安全性	自然灾害安全性
		地基安全性
		城市火灾安全性

① 张文忠.宜居城市的内涵及评价指标体系探讨[J].城市规划学刊.2007(3):30-34.

② 浅见泰司.居住环境评价方法与理论[M].北京:清华大学出版社,2006.

（续表）

项　　　目		目　　　的
保健性		公害预防
		传染病预防
		自然的享受
便利性		日常生活的便利性
		公共设施利用
		交通的便利性
		社会服务设施的便利性
舒适性	人工环境	美观的舒适性
		开放的舒适性
		社区的舒适性
		嫌恶设施的隔离
	自然环境	绿地、自然水体的舒适性
可持续性	人工环境	维持健康、持续的城市活力
		街区的魅力
		住宅地区的适当改造和更新
	自然环境	减轻环境负荷
		对生态循环的贡献

　　美国的《财富》杂志对"美国年度最佳居住地"的评价体系,包含财务状况、住房、教育水平、生活质量、文化娱乐设施、气候状况的六方面二级指标,见表 2-4。①

　　我国建设部中国人居环境奖参考指标体系包括 14 条定量指标和 25 条定性指标。其中定量指标包括:①城市人均住宅建筑面积;②城市规划建成区每平方公里人口密度;③城镇最低收入家庭每户人均住宅建筑面积;④城市燃气普及率;⑤采暖地区集中供热普及率;⑥城市供水普及率;⑦城市污水处理率;⑧城市污水处理再生利用率;⑨城市人均拥有道路面积;⑩以步行、自行车和乘坐公共汽车出行的居民比率;⑪城市规划建成区绿化覆盖率;⑫城市规划建成区人均公共绿地面积;⑬城市生活垃圾无害化处理率;⑭城市规划建城区内符合节能设计标准的建筑面积比例。定性指标包括:城市基础设施建设进度合理、市政公用设施日趋完善、采取切实可行的措施

---

　　①　董晓峰,杨保军,刘理臣,高峰.宜居城市评价与规划理论方法研究[M].北京:中国建筑工业出版社,2010:41.

表 2-4　美国年度最佳居住地评价体系

评价内容	评价指标	评价内容	评价指标
财务状况	年收入均值(USD)	生活质量	空气污染指数
	零售税率		人身犯罪指数
	州收入税率(高)		财产犯罪指数
	州收入税率(低)	文化娱乐设施	电影院
	汽车保险补贴(USD)		酒吧、餐厅
住房	房屋均价(USD)		高尔夫球场
	房屋价值增幅		图书馆、博物馆
教育水平	学院和大学数量	气候状况	年均降水量
	职业技术学院数量		年最高气温
	学生/教师商数		年最低气温

减少大气污染、各类自然文化遗产保护完好、各类设施配套齐全、社区治安综合治理情况良好,等等。①

李王鸣等的城市人居环境评价指标体系研究中,认为城市人居环境是自然环境与人类社会经济活动过程相互交织并与各种地域结合而成的地域综合体。其建立的城市人居环境评价指标体系有 29 项指标。这个指标体系是以三大地域层次划分为根据,以城市人居环境的住宅、邻里、社区绿化、社区空间、社区服务、风景名胜保护、生态环境、服务应急能力 8 个评价方面为基础建立的,如图 2-2 所示②:

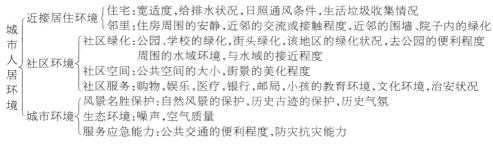

图 2-2　城市人居环境评价指标体系

①　中华人民共和国建设部. 建设部关于修订人居环境奖申报和评选办法的通知[EB/OL]. [2006 年 05 月 8 日]. http://www.gov.cn/gzdt/2006-05/08/content_275355.htm.

②　李王鸣. 城市人居环境评价[J]. 经济地理,1999(4):38-42.

李雪铭等建立了由居住条件,基础设施,生态环境,公共服务,经济能力,文化教育 6 个指标层,33 项指标构成的城市人居环境可持续发展评价指标体系。[1] 在对于大连市的案例研究中,李雪铭、姜斌等人的指标体系包括城市居住水平、城市建设水平和城市发展水平三个方面,采用发放调查表与 Fuzzy 方法相结合,对大连市城市人居环境是否可持续发展做出客观评价。[2] 其"大连市城市人居环境可持续发展综合评价指标"见表 2-5[3]。

表 2-5　大连市城市人居环境可持续发展综合评价指标

目标层	标准层	指标层	单位	权重
城市人居环境可持续发展指标体系	城市居住水平 26.97%	人均居住面积	m²	4.36
		人口密度	人/km²	2.28
		万人商业服务网点数	个	1.55
		住宅建筑密度	m²/km²	2.65
		人均道路面积	m²	3.44
		人均生活用电量	km·h/年	3.25
		人均生活用水量	L	3.43
		城市燃气普及率	%	2.47
		电话普及率	%	3.54
	城市建设水平 39.41%	人均公共绿地面积	m²	3.26
		城市绿化覆盖率	%	3.38
		地表水综合评价指数		3.55
		大气综合评价指数		3.65
		城市噪声达标覆盖率	%	3.44
		生活垃圾无害处理率	%	3.25
		城市生活污水处理率	%	2.33
		城市用地适宜度	%	2.42
		每万人口医生数	人	2.61
		每万人口医院床位数	张	2.26
		每十万人刑事案件数	件	3.28
		十万人交通事故死亡	人	2.45
		人口平均预期寿命	岁	3.53

[1]　李雪铭,杨俊,李静,等.地理学视角的人居环境[M].北京:科学出版社.2010.
[2]　李雪铭,姜斌,杨波.城市人居环境可持续发展评价研究[J].中国人口,资源与环境.2002(6):129-131.
[3]　同上。

（续表）

目标层	标准层	指标层	单位	权重
城市人居环境可持续发展指标体系	城市发展水平 33.62%	人均 GNP	美元	5.50
		第三产业占 GNP	%	3.25
		住宅投资占 GNP	%	3.22
		基础设施投资占 GNP	%	3.53
		商服业占第三产业比	%	3.52
		城市劳动力就业率	%	3.13
		文化支出占生活支出	%	2.75
		人均图书占有量	册	2.42
		电视机普及率	%	1.89
		劳动人口文化指数	年	2.13
		青年人接受高等教育	%	2.28

　　韩卓从居住条件、生态环境、公共服务设施、人文环境、交通便捷性、安全性等六个方面,选择构建人居环境评价指标体系。[1]　陈义平从人的情感、认知的角度出发,以生活巨系统中的生活意识系统为基础(主要包括舒适、方便、健康、安全、自由和充实六个方面)构建不同类型社会空间适居与舒适性(满意度)主观评价指标体系。张文新选取城市经济水平、城市居住条件水平、城市生态环境质量水平和城市社会发展水平等 4 大指标,共 18 个单项指标,构成城市人居环境建设水平指标体系。[2]

　　宁越敏、查志强认为城市人居环境包括两方面内容,即人居硬环境和人居软环境,他们建立大都市人居环境评价指标体系时便是从这两个方面考虑的,不过人居软环境指标的选取较为困难,于是只从人居硬环境方面考虑评价的指标体系。构成城市人居环境评价指标体系包括居住条件、生态环境质量和基础设施与公共服务设施 3 个大类评价指标及 19 个单项指标。[3]　在对上海市 1990—1996 年人居环境的评价中,宁越敏、查志强论述了大都市人居环境宏观和微观优化原则和五项措施,提出"上海市中心城市人居环境指标",见表 2-6[4]。

① 韩卓. 西安回民历史街区演变特征及其创意发展研究[D]. 西安:西北大学,2014.

② 张文新,王蓉. 中国城市人居环境建设水平现状分析[J]. 城市发展研究,2007(2):115-120.

③ 宁越敏,查志强. 大都市人居环境评价和优化研究——以上海市为例[J]. 城市规划,1999(6): 15-20.

④ 同上.

表 2-6　上海市中心城市人居环境指标

类　别	指　标
居住条件	人均居住面积
	住宅成套率
	职工住宅比重
	家用煤气普及率
	住宅竣工建筑面积
	住宅投资占固定资产投资总额比重
	人口密度
生态环境质量	TSP
	SO_2
	城市污水处理率
	工业废水处理率
	绿化覆盖率
	人均公共绿地面积
	环保资金占 GDP 比重
基础设施与公共服务业设施	基础设施投资占 GDP 比重
	人均道路面积
	每万人拥有公交车辆
	每万人拥有商业饮食服务网点
	每万人拥有医院床位
	各级各类学校建筑面积

　　陈浮等研究者提出的城市人居环境满意度评价指标体系,评价居民对一切为居民使用、服务的各种设施和心理感受的总和,既包括住宅质量、基础设施、公共设施、交通状况等硬件设施,也包括住区和谐、安全和归属感、社会秩序、人际关系等心理感受。[1]　其"城市人居环境质量评价指标体系基本框架"见表 2-7[2]。

---

①　陈浮,陈海燕,朱振华,彭补拙.城市人居环境与满意度评价研究[J].人文地理,2000(4):20-23.

②　陈浮.城市人居环境与满意度评价研究[J].城市规划,2000(7):25-27.

表 2-7　城市人居环境质量评价指标体系

一级准则	单 项 指 标				
建筑质量 （Ⅰ）	房型设计(X_1)	容易维修(X_5)	隔音设施(X_9)	室温控制(X_{13})	不相互干扰的通道 (X_{17})
	通风状况(X_2)	电力稳定(X_6)	充足光线(X_{10})	管道良好(X_{14})	
	结构健全(X_3)	楼层高度(X_7)	内置橱柜(X_{11})	卫生设施(X_{15})	
	贮藏充足(X_4)	防火材料(X_8)	绝缘防护(X_{12})	方便厨房(X_{16})	
环境安全 （Ⅱ）	空气质量(X_{18})	噪声污染(X_{20})	交通要道(X_{22})	化学工厂(X_{24})	易燃易爆(X_{26})
	饮水水质(X_{19})	洪水淹没(X_{21})	垃圾堆场(X_{23})	污染水体(X_{25})	
景观规划 （Ⅲ）	风景院落(X_{27})	建筑密度(X_{29})	户外保持(X_{31})	住宅间距(X_{33})	休闲广场(X_{35})
	住宅小品(X_{28})	自然景色(X_{30})	建筑保持(X_{32})	绿化草坪(X_{34})	建筑样式(X_{36})
公共服务 （Ⅳ）	商业网点(X_{37})	蔬菜市场(X_{39})	电信服务(X_{41})	排水系统(X_{43})	公共停车场所(X_{45})
	医疗保健(X_{38})	供电系统(X_{40})	给水系统(X_{42})	各类学校(X_{44})	文化娱乐设施(X_{46})
社区文化 环境（Ⅴ）	邻里和谐(X_{47})	住宅特色(X_{49})	紧邻亲朋(X_{51})	流动人口(X_{53})	市民广场(X_{55})
	社区治安(X_{48})	住区荣誉(X_{50})	紧邻高校(X_{52})	远离棚户(X_{54})	心理归属(X_{56})

　　叶长盛、董玉祥的人居环境可持续发展评价指标体系的建立,选取了居住条件、城市生态环境、公共服务基础设施和可持续性 4 大类评价指标,24 个单项指标,构建了广州市人居环境可持续发展评价指标体系。其人居环境可持续发展的评价体系如图 2-3[①] 所示。

　　胡武贤对中等城市人居环境评价指标体系的研究,选取了 4 大类 28 个单项指标,构成中等城市人居环境评价指标体系。具体包括:居住条件(人口密度、人均居住面积、居住用地比重、家用燃气普及率、自来水普及、住宅竣工建筑面积);城市生态环境(建成区绿色覆盖率、人均公共绿地面积、道路清扫保洁面积、污水处理率、生活垃圾无害化处理率、工业废渣综合利用率、工业废水排放达标率、空气中 TSP 量、空气中 SO_2 含量、空气中 NO_2 含量);公共服务基础设施(人均道路面积、人均拥有城市建设维护资金、每万人拥有公交车辆、每万人拥有商业饮食服务业网点、每万人拥有医院床位、每万人拥有医生);可持续性(住宅投资占 GDP 比重、环保投资占 GDP 比重、城建投资占 GDP 比重、教育科技投入占 GDP 比重。)[②]刘颂等的

---

①　叶长盛,董玉祥.广州市人居环境可持续发展水平综合评价[J].热带地理,2003(1):59-61.

②　胡武贤,杨万柱.中等城市人居环境评价研究——以常德市为例[J].现代城市研究,2004(4):38-41.

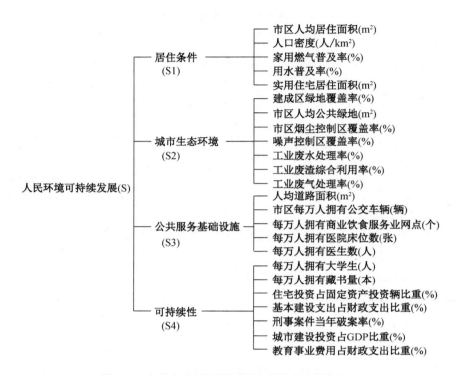

图 2-3　广州市人居环境可持续发展评价指标体系

城市人居环境可持续发展评价指标体系,采用层次分析法,最高综合指标为人居环境可持续发展指数(HSSDI),提出在城市这个聚居背景下,聚居活动的条件和聚居建设水平以及协调发展潜力三个指标。聚居条件是指与人类聚居活动息息相关的基本生存条件,包括人口、资源和人工构筑等,良好的人居环境既要有舒适的居住条件,还要有适度的人口密度和良好的资源配置;聚居建设包括生态环境的建设和基础设施的建设,它们是人居环境发展的重要限制因子;可持续性反映了城市各项人类活动与社会、经济之间的相互关系、协调能力和发展潜力,表现在社会秩序安定,居民生活保障体系完善,科技进步和人才素质的提高等方面。①

　　刘颂、刘滨谊认为,可持续的人居环境强调健康舒适的居民生活、完善的公共服务设施、良好的生态环境和社会、经济与自然环境的协调发展。以此为出发点,

────────────

① 刘颂,刘滨谊.城市人居环境可持续发展评价指标体系研究[J].城市规划汇刊,1999(5):35-37.

提出了城市人居环境可持续发展的评价指标体系,包括居住条件、资源配置、城市生态环境、公共服务基础设施、社会稳定度、智力能力、经济能力。其提出的"城市人居环境可持续发展评价指标体系"如图 2-4① 所示。

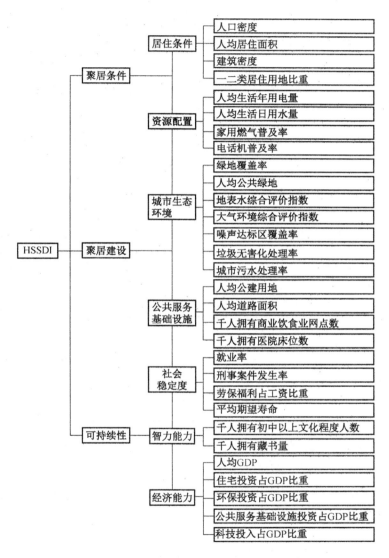

图 2-4　城市人居环境可持续发展评价指标体系

①　刘颂,刘滨谊.城市人居环境可持续发展评价指标体系研究[J].城市规划汇刊,1999(5):35-37.

张文新、王蓉对我国城市人居环境建设水平,通过因子分析等方法,确立了包括城市经济水平、城市居住条件水平、城市生态环境质量水平、城市社会发展水平四大方面在内的评价体系,其二级和三级指标见表 2-8。[①]

表 2-8　城市人居环境建设水平指标体系

	人均 GDP
城市经济水平	就业率
	第三产业占 GDP 比例
	人口密度
	人均居住面积
城市居住条件水平	住宅投资占 GDP 比重
	人均日用水量
	人均年用电量
	人均公共绿地
	建成区绿地覆盖率
城市生态环境质量水平	城市污水处理率
	城市垃圾无害化处理率
	空气污染综合指数
	人均道路面积
	每万人拥有公车辆
城市社会发展水平	每百人公共图书馆藏书量
	每千人拥有医院床位数
	每万人拥有高等学校在校学生数

朱明琪的"城市人居环境质量"评价体系中,对城市的生态环境、居住环境、基础设施、社会环境进行测量。而其中社会环境部分较为综合,包括经济水平、智力水平、稳定程度、社会文化。[②] "曲江人居环境质量评价指标体系"在对曲江的研究中,提出了包括居住环境、经济发展、社会和谐、生态环境、能源消费结构、资源节约、环境卫

① 张文新,王蓉.中国城市人居环境建设水平现状分析[J].城市发展研究.2007(2):115-120.
② 朱明琪.城市化进程中的人居环境问题研究[D].苏州:苏州科技学院,2010.

生、公共安全、旅游产业在内的"人居环境质量指标体系",①详见表2-9。

表2-9　人居环境质量指标体系

居住环境	住房面积	生态环境	城市生态
	住房结构		城市绿化
	住房产权		环境质量
	住房与社区	能源消费结构	传统能源
	市政基础设施		现代能源
	交通出行		取暖、制冷设施
	公共服务	资源节约	节约能源
	信息通信设施		节约水资源
经济发展	收入与消费		节约土地
	就业水平	环境卫生	水资源
	资金投入		家庭卫生设施
	经济结构	公共安全	城市管理与市政基础设施安全
	商业机构		社会安全
	社会保障		预防灾害
社会和谐	残疾人事业		城市应急
	外来务工人员保障	旅游产业	旅游收入
	公众参与		旅游产业
	历史文化与城市特色		旅游产业效应

宋延杰从居住条件与资源配置、生态环境质量、基础设施与公共服务、社会经济文化四方面构建了城市人居环境质量评价体系,如图2-5所示。②

吴志强从两个方面对中国人居环境评价体系研究,从横向层面看人居可持续发展划分为经济、社会、资源与环境、科技和物质五大层面;从纵向聚落空间角度来看,研究从区域、城镇、社区、家居四大层次进行研究。③ 叶文虎等从人口发展状况、资源数量和利用情况、经济发展状况四个方面进行区域可持续发展指标体系的构造。海热提·涂尔逊等从城市发展的持续度、协调度、发展水平三方面确定城市

---

① 曲江文旅.曲江新区人居环境评价研究[M].北京:中国经济出版社,2014:175-182.

② 宋延杰.城市人居环境质量综合评价和优化对策研究[D].苏州:苏州科技学院,2009.

③ 吴志强,等.可持续发展中国人居环境评价体系[M].北京:科学出版社,2004.

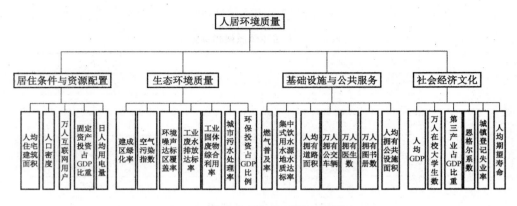

图 2-5　城市人居环境质量评价体系

可持续发展满意度；上海市环境科学研究院从社会、经济、环境三方面建立了衡量环境与社会发展的指标体系。柯昌波研究建构的重庆市人居环境可持续发展评价指标体系见表 2-10。

表 2-10　重庆市人居环境可持续发展评价指标体系

一级指标	二级指标	三级指标
社会可持续性	人口指数	人口自然增长率
		儿童入学率
		城镇化率
	科教文卫发展	科技支出占 GDP 比例
		教育投入占 GDP 比例
		每万人中在校大学生数
		每万人中卫生技术人员数
经济可持续性	经济条件	人均储蓄存款余额
		人均邮电业务量
		人均国民生产总值
		人均社会固定资产投资
		人均财政收入
		人均社会消费额
	综合水平	国民经济年增长率
		第三产业占 GDP 比例

（续表）

一级指标	二级指标	三级指标
环境可持续性	生态环境建设	人均公共绿地面积
		园林绿地面积
		环保投资
		森林覆盖率
	环境污染控制	二氧化硫排放量
		饮用水源水质达标率
		工业废水排放达标率
		工业固体废物综合利用率

申菊香等人建构的可持续理念下的宜居城市建设评价体系,主要包括环境系统、安全系统、生活系统。[1] 其中,环境系统主要是指影响人类生存和发展的各种因素的总体,物质环境主要是指生态环境;非物质环境主要是城市居民在生产和生活活动中形成的道德约束、文化传统和归属感等非物质的意识形态等,落实到宜居城市的层面,主要包括城市文化和氛围、区域特色与价值、邻里关系等构成城市共同意识形态的要素。生活系统主要包括高水平生活质量所涉及的居住条件、交通、商业、市政、文化教育、开敞空间等方面。该评价体系见表2-11[2]。

表 2-11　可持续理念下的宜居城市建设评价体系

第一层次 （目标层）	第二层次 （准则层）	第三层次 （领域层）	第四层次 （指标层）
可持续的宜居城市	环境优美	生态环境	空气质量好于或等于二级标准天数/年
			城市污水处理达标率
			工业固体废弃物处置利用率（%）
			生活垃圾无害化处理率（%）
			噪声达标区覆盖率（%）
			城市环境清洁度
			人均公共绿地面积

---

① 申菊香,邱灿红,王彬.可持续理念下宜居城市建设评价体系研究——以岳阳为例[J].中外建筑,2012(11):57-59.

② 同上。

第一层次 （目标层）	第二层次 （准则层）	第三层次 （领域层）	第四层次 （指标层）
可持续的宜居城市	环境优美	人文环境	对城市的认同感、归属感、荣誉感
			对城市共同文化和精神的认可度
			周边社区文化和氛围
			周边区域特色与价值认可
			文化生活内容丰富性
			邻里关系状况
		城市景观	城市绿化覆盖率
			建筑景观的美感与协调
			地方特色景观占建筑设计的比率
	生活便宜	居住条件	人口密度
			人均住房建筑面积
			住宅价格上涨指数
			经济适用房投资额
		城市交通	人均道路面积（m²/人）
			万人公交车拥有量（标台）
			公共交通分担率（%）
			社会停车泊位率（%）
			旅客周转量（亿人公里）
		商业设施	商业设施数量和等级
			人均商业设施面积（m²/人）
			居住区商业服务设施配套率（%）
			1 000 m范围内拥有超市的居住区比例（%）
		市政设施	城市燃气管道覆盖率（%）
			有线电视网覆盖率（%）
			因特网光缆到户率（%）
			自来水正常供应情况
			电力正常供应情况
		文化教育设施	万人学校数
			万人剧场影院数
			每百人公共图书馆藏书

（续表）

第一层次 （目标层）	第二层次 （准则层）	第三层次 （领域层）	第四层次 （指标层）
可持续的宜居城市	生活便宜	文化教育设施	1 000 m 范围内拥有免费开放体育设施的居住区比例(%)
		绿色开敞空间	每 10 万人拥有免费开放式公园个数
			拥有人均 8 m² 以上公共绿地的居住区比例(%)
			距离免费开放式公园 500 m 的居住区比例(%)
			公用空地数量和规模
			人均绿地面积(m²/人)
	公共安全	日常安全	传染性疾病发病率(%)
			交通事故率(%)
			万人消防车辆数
			刑事案件次数
			万人拥有医生、病床数
		灾害安全	生命线完好率(%)
			紧急避难场所

2. 对宜居城市的评价

《北京城市总体规划(2004—2020 年)》在我国首次提出宜居城市的概念，并付诸城市的战略与实践。英国《经济学家》杂志的宜居城市指标排名以各个城市在城市安全指数、医疗服务、文化与环境、教育、基础设施等五个方面的表现评分，涉及 30 多个指标。Crowhurst、Lennard 提出城市宜居性的系统构成，包括有利于居民生活、社交、沟通的城市空间，与城市历史相衬的建筑，城市传统，将儿童列入城市计划和社区规划中，能够将住房、商店和服务连接起来的住房政策，步行的可达距离和基于步行的土地使用政策，交通政策，生态基础，公共艺术、互动及令人愉快的事物等。

2007 年，建设部委托中国城市科学研究会等单位编制"宜居城市科学评价指标体系"，这项研究的 6 个二级指标包括社会文明度、经济富裕度、环境优美度、资源承载度、生活便宜度、公共安全度，为我国宜居城市建设提供了标准。① 这些指

---

① 新华网. 中国《宜居城市科学评价标准》正式出台(全文) [EB/OL]. [2015-12-20]. http://news.xinhuanet.com/politics/2007-05/30/content_6175236.htm.

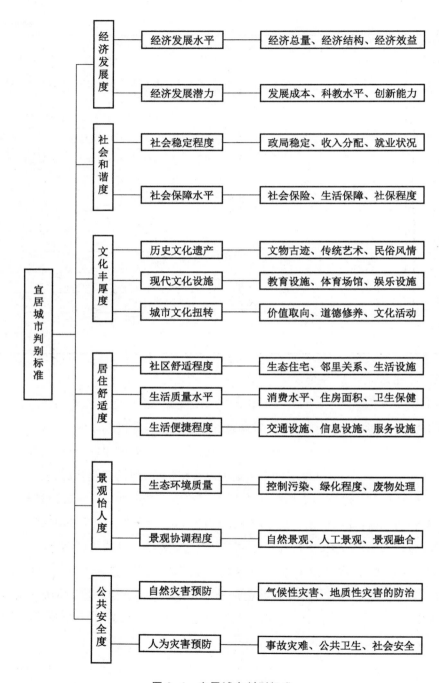

图 2-6　宜居城市判别标准

标对于宜居城市的测量是比较全面的,有其对中国的适用性。袁锐在《试论宜居城市的判别标准》中,设立经济发展程度、社会和谐程度、文化丰厚程度、生活舒适程度、景观宜人程度、公共安全程度等一级指标来判别城市是否宜居。① 陈静在《北京居住适宜性评价》中设立生活方便性、安全性、自然环境舒适度、人文环境舒适度、出行便捷度、健康度等指标,通过对居民主观问卷调查的方式得到相应数据。刘维新(2007)认为,生态环境、人文环境和经济环境是衡量宜居城市的三大标准。② 李长春在《中国明日的宜居城市规划研究》中提出十个一级指标,经济发展、基础设施建设、社会发展、文化教育、环境质量、自然资源、政治文明、社会和谐、生活便利度、人口发展。李丽萍等人从经济发展度、社会和谐度、文化丰厚度、居住舒适度、景观宜人度、公共安全度来考察城市的宜居性,其指标如图 2-6③ 所示。

　　董晓峰、杨保军等在《宜居城市评价与规划理论方法研究》中,提出宜居城市的客观评价指标和主观评价指标,两者总体框架相同,具体的四级指标有部分差异。其客观评价指标体系见表 2-12④。

表 2-12　宜居城市的客观评价指标体系

一级指标 (准则层)	二级指标 (领域层)	三级指标 (指标层)	四级指标 (子指标层)
城市安全	社会治安	社会治安	刑事案件发生率
	灾害防御	自然灾害防御能力 人为灾害防御能力	通过对城市火灾,爆炸,建筑倒塌,公共场所安全等事件影响予以打分
	交通安全	交通事故	人交通事故数(件/十万人)
舒适水平	环境条件	污染治理	生活污水处置率,生活垃圾无害化处理率,工业废水达标排放率,工业固体废弃物综合利用率,人均二氧化硫排放量,人均烟尘排放量,城市全年环境空气指数二级和优于二级天数比例
		景观绿化	人均公共绿地面积,建成区绿地率
		气候条件	年平均气温,年平均降水量

①　袁锐.试论宜居城市的判别标准[J].经济科学,2005(4):126-128.

②　刘维新.以"三大标准"看北京宜居之路[J].北京规划建设,2007(1):46-47.

③　李丽萍,郭宝华.关于宜居城市的理论探讨[J].城市发展研究,2006(2):82-86

④　董晓峰,杨保军,刘理臣,高峰.宜居城市评价与规划理论方法研究[M].北京:中国建筑工业出版社,2010:51.

（续表）

一级指标 （准则层）	二级指标 （领域层）	三级指标 （指标层）	四级指标 （子指标层）
舒适水平	保健休闲	医疗条件	每万人拥有医院床位数，每万人拥有医生数
		游憩设施	代用指标（旅游人次）
幸福水平	生活质量	就业机会	城镇登记失业率
		收入水平	居民人均储蓄年末余额，在岗职工平均工资，居民人均可支配收入
		居住条件	人均住宅开发投资额，房屋均价
		福利条件	人均抚恤和社会福利救济，人均社会保障支出
		商业服务	单位就业人口中批发零售业，住宿餐饮业以及居民服务业就业比重
便捷水平	基础设施	公共交通	每万人拥有公共汽/电车，人均道路铺装面积
		供水状况	人均家庭生活用水
		能源状况	居民人均生活用电量，燃气普及率
		邮电通信	固定电话普及率，移动电话普及率，互联网普及率
发展水平	科教文管	教育条件	人均教育经费支出，高校数量，高等教育在校生数，普通中小学教师与在校生人数比例
		科技水平	科学经费财政支出，单位就业人口中信息传输、计算机服务和软件业科学研究技术、服务和地质勘查业就业比重
		文化条件	每万人公共图书册数、影剧院数
		规划管理	缺项
	经济发展	经济水平	人均 GDP
		经济结构	外商投资企业产值，第三产业产值占国内生产总值的比重

　　零点研究咨询集团与第一财经年度合作编制发布了"中国公众城市宜居指数"，建立居住空间（市民对目前个人及家庭的住房条件的主观感受评价）、社区空间（市民对个人及家庭所居住的小区满意度评价）、公共空间（市民对所在城市满足其与居住、生活有关的各方面需求的主观评价）三大指标，运用层次分析法进行评价。[①] 张文忠构建的宜居城市评价指标体系由安全性、健康性、方便性、便捷性、舒

---

① 中国宜居城市排行榜联合调查发布[J]. 商务周刊,2005(Z1):46-48.

适性组成。① 周至田构建的"中国适宜人居城市评价总体指标框架"中,设有经济
发展水平、经济发展潜力、社会安全保障、城市环境水平、生活质量水平、生活便捷
程度等一级指标。该指标体系分为 6 大状态层和 18 个要素层,包括经济发展水平
(人均 GDP、职工人均工资、第三产业 GDP 比重)、经济发展潜力(城市发展成本指
数、城市创新指数、城市学习指数)、社会安全保障(城乡二元结构系数、失业率、人
均保障总额)、城市环境水平(人均园林绿地面积、绿化覆盖率、城市生态盈余)、生
活质量水平(人均住房面积、人均消费额、万人拥有的医生数)、生活便捷程度(人均
道路铺装面积、人均邮电业务总量、千人拥有电话数)。② 赵丽娜从文化资本与宜
居城市的关系进行研究,认为宜居城市应该是"经济,社会,文化,环境"协调发展,
须从自然环境、经济环境、文化环境和社会环境四方面入手提高城市宜居性。③ 王
德利对于北京"宜居之都"建设,从空间合理化、产业生态化、社会公平化、居住安全
化、交通便捷化、环境舒适化的"六化"模式展开研究。④ 倪鹏飞主编的《中国城市
竞争力报告》认为:"宜居城市建设包含人口素质、社会环境、生态环境、居住环境、市
政设施等五个方面。"⑤倪鹏飞该书中提出的宜居城市具体内涵和指标见表 2-13⑥。

表 2-13　宜居城市指标体系

指标含义	指标
人口素质	人均预期寿命
	大专以上人口比例
社会环境	每万人拥有医生数
	千人小学数
	每万人刑事案件数
生态环境	空气质量
	气温舒适度
	绿化覆盖率

①　张文忠.中国宜居城市研究报告[M].北京:社会科学文献出版社,2006.

②　周志田,等.中国适宜人居城市研究与评价[J].中国人口・资源环境,2004(1):27-30.

③　赵丽娜.文化资本:宜居城市建设的重要依托[J].哈尔滨工业大学学报(社会科学版),2011(3):71-75.

④　王德利.北京宜居之都建设理论与实践研究[M].北京:知识产权出版社,2012:37.

⑤　倪鹏飞.中国城市竞争力报告 No.12[M].社会科学文献出版社,2014:84.

⑥　同上。

（续表）

指标含义	指标
居住环境	房价收入比
	每万人餐饮购物场所数
市政设施	人均道路面积
	排水管道密度
	用水普及率

胡伏湘、胡希军提出的城市宜居性评价指标体系，涉及经济发展、城市文明、生态环境、生活便利、城市安全、创新能力等方面，见表 2-14。①

表 2-14　城市宜居性评价指标体系

目标层 /一级指标	准则层 /二级指标	领域层 /三级指标	指标层 /四级指标
城市宜居性	经济发展	城市经济水平	第三产业产值 GDP 的比重、基尼系数、CPI 指数、失业率
		居民收入发展	人均 GDP、人均可支配收入、人均工资收入、人均社会消费品零售额、恩格尔系数
	城市文明	政治文明	科学民主决策、政务公开、民主监督、市民政治文明的满意率
		社会文明	社会保险覆盖率、价格听证、社会救助、市民对社会文明的满意率
		社区文明	社区管理、物业管理、社区服务、市民对社区的满意率
	生态环境	自然生态环境	空气质量好于或等于二级标准的天数 /年，全年 15℃ 至 25℃ 气温天数，集中式饮用水水源地水质达标率，人均公共绿地面积，建成区绿地率
		人文环境	文化遗产保护、城市特色、城市不同风俗相容性
		居住环境	人均居住面积、房价收入比、建筑与环境的协调性
		环境整治	城市工业污水处理率、工业固体废物处置利率率、噪声达标区覆盖率、环保投入占 GDP 比例
	生活便利	交通状况	人均道路面积、人均公共交通工具拥有数、居民工作平均通勤（单向）时间
		商业服务	1 000 米范围内拥有超市的居住区比例、居住区商业服务设施配套率、居民对商业服务质量的满意率
		市政设施	城市燃气普及率、有线电视网覆盖率、因特网光缆到户率、自来水正常供应情况、电力正常供应情况、居民对市政服务质量的满意率

① 胡伏湘,胡希军.城市宜居性评价指标体系构建[J].生态经济,2014(8):42-44.

（续表）

目标层／ 一级指标	准则层／ 二级指标	领域层／ 三级指标	指标层／四级指标
城市宜居性	生活便利	文化体育设施	500 米范围内拥有小学的社区比例、1 000 米范围内拥有初中的社区比例、1 000 米范围内拥有免费开放体育设施的居住区比例、市民对教育文化体育设施的满意率
		医疗卫生	社区卫生服务机构覆盖率、人均寿命指标、市民医疗卫生的满意率
	城市安全	刑事犯罪	年每十万人重大刑事犯罪率、近三年刑事犯罪侦破率
		社会治安	每万人配备治安人员数量、市民对社会治安的满意率
		安全机制	生命线工程完好率、自然灾害紧急预案机制
		食品安全	假冒伪劣商品打击力度、市民对食品安全的满意率
	管理高效	城市管理机制	城市管理制度的完善率、市容市貌满意率、市民对城市管理的满意率
		信息化程度	政务公开透明度、专门网站建立、投诉通道畅通率
		管理效率	市民建议处理率、投诉处理满意率、市民对政府管理效率的满意率
	城市创新能力	科研创新	研发投入占 GDP 比例、年专利数、每万人专业科研人员比例
		城市规划	城市总体规划的完成率、市民对城市规划的满意率
		教育状况	每万人大学生数、教育经费投入占 GDP 的比例、每万人中小学的专任教师数、每万人研究生以上学历学生数

3. 本书对城市人居环境质量的评测

如上所述,研究者们从各个方向探讨了城市人居环境质量的评价体系,城市人居环境是人居环境、生态环境等多方面的综合。城市人居环境强调生态、经济、社会文化、生活的协调发展。在这些研究的基础上,本文着重提出人居环境应具有的经济、社会、文化、绿色、生态、生活方面的质量,从经济富裕度、社会和谐度、生活便适度、文化丰厚度、绿色发展度、自然宜人度的角度进行量化反映。经济富裕度反映城市的经济发达程度、居民的富足程度,它也有助于持续地位为居民营造一个良好的居住、生活、工作的聚居地和栖息地;社会和谐度反映城市处于安定、和谐、团结、协调有序的社会关系和社会氛围之中的状态与程度;生活便适度是城市在基础设施、生活服务方面,满足市民的日常生活需要的能力及其方便、舒适、便捷程度;文化丰厚度反映城市对文化资源的拥有、建设和对于居民文化需要的满足;绿色发展度反映城市适应现代生态文明和可持续发展的趋势,采取有助生态化、绿色化的发展方式,减少其资源消耗、环境污染、能源耗费,促进绿色经济、低碳文明与可持续经济的增长;自然宜人度体现城市在自然环境的人居性和舒适度方面的天然禀赋,也是城市吸引人居住和聚集的重要优势条件。

(1)经济富裕度。经济发展是社会进步的基础,只有经济得到发展,才能解决城市贫困、环境污染、就业不足等一系列城市问题,才能为居民创造良好的城市人居硬环境,从而促进城市人居软环境的改善。所以,宜居城市应该是一个经济发展水平高的城市。城市经济发展水平可由城市经济总量、经济结构、经济效益三个指标来衡量。不仅如此,宜居城市还要求城市具有强劲的经济发展潜力,以确保经济可持续发展,从而使居民的物质生活和精神生活水平不断得到提高,持续地为居民营造一个良好的居住、生活和工作的环境。

(2)社会和谐度。从城市社会稳定方面看,城市社会运行有序,财富分配公平,治安良好,居民安居乐业,是宜居城市必须具备的社会条件。城市社会的稳定程度可以用社会政局稳定程度、收入分配公平程度和就业机会充足状况等表达。从城市社会安全保障方面来看,宜居城市至少应该使每一个居住在该城市的居民能够维持最基本的生活水平。宜居城市必须建立起包括社会保险、社会救济、社会福利、优抚安置和社会互助等在内的健全的多层次社会保障体系。

(3)生活便适度。宜居城市应该是具有高度生活舒适度的城市。生活舒适度主要包括居住舒适度、生活质量水平和生活便捷度等内容。从居住的舒适度来看,在居住区物质设施方面,要有充足的、符合健康要求的住宅,有供电、供水等基础设施,有商店、学校、医院等生活服务设施,有绿化、美化、净化的住区环境;在社区环境和氛围方面,要有和睦的邻里关系,充满人际关怀、表现出浓厚生活气息的社区氛围;在交往方面,根据住区的地域特点、历史演变和居民结构,从多层次、多侧面切入,设计、建设符合社区自身特点的交往环境,增加居民交往的机遇,丰富社区生活内容;从生活质量水平来看,城市居民生活质量可由城市居民可支配收入,人均住房条件,教育、医疗、卫生保健的满足程度等指标来表述。从生活便捷度来看,宜居城市必然是一个基础设施先进、完备,居民生活与出行方便、快捷的城市。现代化的城市基础设施不仅包括完善的生产性基础设施,更包括完善的生活性基础设施。

(4)文化丰厚度。李丽萍等人指出:"城市文化的丰厚度主要体现在城市历史文脉与城市社区有机融合所形成的城市文化环境的发达程度上,主要包括城市历史文化遗产、现代文化设施、城市文化氛围等方面内容。城市历史文化遗产不仅包括文物古迹、历史建筑和文化街区等有形的实体遗产,而且包括传统节日、风俗等各种非物质文化遗产。现代文化设施主要由著名的高等院校、杰出的博物馆、多种图书馆、众多的文化馆、美好的音乐、充足的体育馆,以及满足多种游憩要求的大型游乐场等组成。城市文化氛围就是以城市历史文化遗产和现代文化设施为载体,传统文化与现代文化相融合而形成的一种特色文化环境。宜居城市的建设必须维护城市文脉的延续性,以传承历史,延续文明,兼收并蓄,融合现代文明,营造高品位的文化环境。"①

（5）绿色发展度。绿色发展度所追求的目标可以概括为经济发展、环境保护、社会进步三个方面和谐发展。具体包括生态环境良好并不断趋向更高水平的平衡,环境污染基本消除,自然资源得到有效保护和合理利用,稳定可靠的生态安全保障体系基本形成,环境保护法律、法规、制度得到有效的贯彻执行,以循环经济为特色的社会经济加速发展人与自然和谐共处,生态文化有长足发展,城市、乡村环境整洁优美,人们生活水平全面提高,社会运转高度和谐等。毕光庆认为,宜居城市是充满绿色空间、生机勃勃的开放城市,是管理高效、运转协调、适宜创业的健康城市,是以人为本、舒适恬静、适宜居住和生活的家园城市,是各具特色和风貌的文化城市,是环境、经济和社会可持续发展的动态城市。

（6）自然宜人度。自然宜人度要求宜居城市必须拥有良好的自然生态环境和宜人尺度的建筑人工环境,并实现自然生态环境与建筑人工环境的相互协调和有机融合,从而创造出宜人的城市环境,满足居民的生理和心理舒适要求。自然生态环境是宜居城市环境系统的核心组成部分,也是宜居城市的首要判别标准。创造良好的生态环境,不仅要求增加绿地和水体的面积,提高绿化质量,而且必须把道路、建筑、设施等人工元素与绿地、水体等自然元素很好地结合起来。城市生态环境的承载力主要表现为自然为城市人口及其生产、生活、娱乐等活动提供的生态服务能力,表现为环境为城市人口生产、生活及安全保障提供的环境缓冲能力、自净能力和抗逆能力。宜居城市的生态环境质量可以由空气质量、绿化面积、环境卫生等指标来衡量。城市的建筑人工环境的规划和建设,一定要以人为本,即以人的需求为出发点,建筑体量和外观,道路的宽度,桥梁的结构,街头小品的设计等,要具

---

① 李丽萍,郭宝华.关于宜居城市的理论探讨[J].城市发展研究,2006,13(2):76-80.

有宜人的尺度,要考虑城市居民使用的舒适、便捷和视觉上的审美需求,从而形成各种不同建筑、不同设施之间的协调,以及人与建筑的和谐,这是宜居城市的重要标识之一。宜居城市还要合理安排城市用地,形成特色城市地域结构,并因地制宜地将自然景观、人文景观、历史风貌等融为一体,从而形成具有特色的城市景观。

第三章 文化创意产业对城市人居环境质量的作用路径

一、城市人居环境质量的文化向度

城市的人居环境包含着文化创意的元素和构成,两者之间存在着在此意义上的相关性。文化作为人居城市中一个不可忽视的向度,增加了文化创意对于城市人居环境质量的作用及其可能性空间。同时,文化也是城市人居环境质量建设的策略与价值导向,增强了文化创意在人居城市建设中的本体意义。对现代城市的发展而言,文化创意产业越来越得到重视和强调,许多城市把"创意城市"、文化创意产业之都作为自身的发展战略,谋求城市的转型与新的战略增长极。城市的人居环境建设也通过各种路径把文化纳入到其自身的内涵中,通过城市"人居软环境"、"文化环境"、"文化丰厚度"、"人文舒适度"等的建设来推动人居环境质量的全面推进与优化。

在人居环境质量的构成中,诸多研究者及实践都注重把文化纳入其中。宁越敏、查志强将人居环境分为人居硬环境和人居软环境,其中硬环境包括居住条件、生态环境质量、基础设施和公共服务设施水平,软环境是指人居社会环境。对于人居环境中的软环境构建,宁越敏、查志强指出,要创造丰富多彩的文体活动,扩建文化娱乐设施、丰富市民的生活内容,增加市民进行体育与休闲活动的机会,增加市民与外界的交流活动,创建一个市民易于参与社区各种活动的环境氛围,提高市民娱乐、游憩、社交、体育、艺术等活动的效率。①

张文忠强调宜居城市建设中的"人文环境"和"人文舒适度"。他认为,"宜居城市"是适宜人类居住和生活的城市,是宜人的自然生态环境与和谐的社会、人文环境

---

① 宁越敏,查志强.大都市人居环境评价和优化研究——以上海市为例[J].城市规划,1999(6):15-20.

的完整的统一体;宜居城市应该能够传承城市的历史和文化,同时具有鲜明的地方特色的城市。① 对于宜居城市来说,不仅需要优美、和谐的自然和生态环境,也需要便利、舒适的人文环境。在居住的舒适性指标中,张文忠指出,它应该包含表现街区的历史、社会经济活动和地方生活的内容的指标,如居民的生活方式和文化、街道特色等;此外也要体现居民对居住区或周边地区的认同等,如包括邻里关系、居民属性、对居住区的归属感等。② 尽管张文忠所谓的人文环境是既包括文化也包括社会在内的组成,但是文化在其中无疑具有显著的地位,给居住和宜居增添了重要的文化向度。

李丽萍等人把文化丰厚程度作为宜居城市的主要评价指标之一:"宜居城市的建设必须维护城市文脉的延续性,以传承历史,延续文明,兼收并蓄,融合现代文明,营造高品位的文化环境。"③具备文化丰厚度的城市才能称之为思想、教育、科技、文化中心,才能充分发挥城市环境育人化人的职能。宜居城市的建设必须维护城市文脉的延续性,以传承历史,延续文明,兼收并蓄,融合现代文明,营造高品位的文化环境。"城市是人文景观和自然景观的复合体,宜居城市的人文景观如建筑、广场、公园等要具有人文尺度和人文关怀。

建设部"宜居城市科学评价指标体系"中,纳入了文化包容性、文化遗产与保护、城市人文景观、教育文化体育设施、绿色开敞空间等指标,它们反映出对城市宜居环境的文化向度的要求。董晓峰、杨保军提出的宜居城市的评价体系中,科教文管的指标部分包括教育状况、科技创新、城市文化、市民素质、城市特色、遗产保护等,它们都是和城市文化有关的项目。零点研究咨询集团发布的"中国公众城市宜居指数",建立居住空间、社区空间、公共空间三大指标,其中,公共空间包括城市人文环境,指的是对城市文化的主观感受。④ 诚如有研究者指出的:"宜居应该是一个综合性的概念,它体现为较高的经济发展水平与社会和谐程度,良好的居住条件与生态环境,以及与当地经济、社会和自然生态协调耦合的优良的人文文化环境。"⑤吴良镛指出,城市的宜人性除了需要良好的自然条件,也要有良好的人工环

---

① 张文忠."宜居北京"评价的实证[J].北京规划建设,2007(1):25-30.

② 张文忠.宜居城市的内涵及评价指标体系探讨[J].城市规划学刊,2007(3):30-34.

③ 李丽萍,郭宝华.关于宜居城市的理论探讨[J].城市发展研究,2006,13(2):76-80.

④ 中国宜居城市排行榜联合调查发布[J].商务周刊,2005(Z1):46-48.

⑤ 吴树波.宜居城市与休闲文化建设[J]河北科技师范学院学报(社会科学版),2010(2):10-13.

境包括杰出的建筑物、美丽的广场、艺术的街道等,还要有丰富的文化传统及设施,例如杰出的博物馆、负有盛名的学府、重要的历史遗迹、多种图书馆及美好的音乐厅、街道的艺术、可满足多种内容游憩要求的大型游乐场、多样化的邻里等。①

由于文化在城市人居环境中不可忽视的各种存在和作用,对于人居城市的文化构建策略和人文引导策略也被逐步纳入议题。刘中颀认为:"人居环境不仅包括硬环境,同时也包括了人们居住的软环境——城市社会的文化环境。从城市人居软环境来说,它广泛地包括一个城市的历史传统、社会风习、社会秩序、治安状况、文明卫生、和睦友好的人际关系和健康向上的城市精神等非物质的东西。"②就此而言,宜居城市不仅是身体的宜居,更是精神的宜居。刘晨阳对城市人居环境建设中人文引导的必要性和策略加以分析:"追求人居环境空间的人文品质,表明了城市生活从初级的物质满足正逐步向高层次的精神需求转化。"③

值得注意的是,文化层面在城市人居环境中的重要地位,某种意义上是仍需进一步明确和突出的。金韬认为,宜居城市的学术讨论和官方标准把文化建设维度更多的只是作为点缀或次要的装饰。例如,建设部《宜居城市科学评价标准》的六大指标体系就缺乏对于文化建设的系统性评估,仅仅将其作为二级或三级指标,从属于社会文明度或生活便利度之中(如社会文明度之中的文化包容性三级指标或生活便利度之中的教育文化体育设施二级指标)。并且这些既有的指标,也不能容纳文化建设的各个方面,文化是一个具有丰富内涵的概念,理应作为一级指标和这六大指标体系并列。④ 这对于我们探讨文化以及文化创意产业在人居环境中的作用是有启发意义的,也需要我们不是将之作为一个并非核心的点缀,而是在文化转向或创意转向的城市发展方式中,审慎思考文化和创意所具有的导向性和驱动性。

因此,城市的文化发展和文化资本与人居环境、宜居性之间具有深层次的关联。如赵丽娜所阐述的,文化资本具有使城市宜居性水平提高的全面作用。其作

① 吴良镛.关于浦东新区总体规划[J].城市规划,1992(6):3-10.

② 刘中颀.城市文化建设与人居环境的提升[J].湖南文理学院学报(社会科学版),2009(1):80-82.

③ 刘晨阳,杨培峰.关于城市人居环境建设的人文思考[J].安徽建筑工业学院学报(自然科学版),2005(4):80-82.

④ 金韬.宜居城市的文化维度[J].山东行政学院学报,2013(6):140-143.

用机制如图 3-1 所示①。

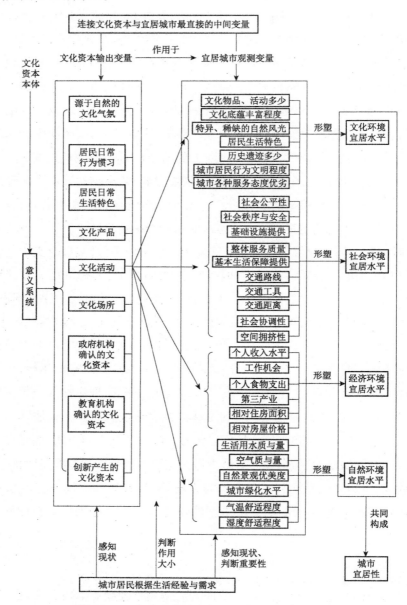

图 3-1 文化资本的城市宜居性提升功能实现路径

① 赵丽娜. 文化资本对城市宜居性的功能研究[D]. 哈尔滨:哈尔滨工业大学,2009:45.

二、文化创意产业对城市人居环境质量的作用[①]

近年来,文化创意产业和创意经济、创意文化在全球范围内迅猛崛起,创意城市也成为一种新兴的强势城市发展范式。创意产业以其特定的活动机制对城市的发展产生深远影响。王琳研究了文化产业对于城市发展的推进作用,认为这一作用主要表现在它能推动城市经济增长;增加城市就业机会;改善城市形象,提高城市文化品位;有利于提升城市竞争力;促进城市可持续发展。对于城市人居环境、宜居城市的研究中会涉及城市的文化和创意产业、文化服务、历史传统等层面,创意城市和宜居城市的交融也日益密切与普遍。尽管宜居城市建设的文化层面在许多研究中得到关注乃至重视,但创意文化和创意城市向度下的城市人居环境构建在理论和实践上都还较为零散初步。挖掘发挥宜居城市建设中的"创意植入"和创意城市的人居效应,对于我国加深创意与人居的互动城市范式、促进创意城市和人居城市的融合创新发展具有其迫切意义和现实诉求。

1. 文化创意产业与经济富裕度

Hall 对城市经济主导因素变迁历程指出:"国家和城市经历了一个快速的由制造经济向信息经济再向文化经济的转变。"[②]文化创意产业是知识经济、信息经济、文化经济时代的一种新型经济现象和机制,有助于促进城市的产业结构升级,优化消费结构;促进经济增长,增加居民收入与提升居民物质消费水平;转变经济发展方式,提升经济的富裕程度。基于这些作用,文化创意产业对于城市的经济、生产、消费等层面的程度和结构、水平产生积极影响,从而推动城市的发展和富裕度的提升,在经济方面推动城市人居环境的改善。

文化创意产业关系到城市的经济增长阶段与增长方式。文化创意产业具有高智力、高盈利、高附加值等特征,属于高端产业,其数量和规模是一个城市产业结构是否优化的重要标志,增加该产业的规模也应是优化城市产业结构的战略举措。国内多数学者从不同角度分析了文创产业对于国民经济发展的促进作用,例如鲍

---

① 研究生朱颖对本节部分资料的搜集和部分段落的形成亦有贡献,特此感谢。

② Hall P. Creative Cities and Economic Development[J]. Urban Studies. 2000(4):639-649.

枫认为文化创意产业具有三大作用:一是促进经济结构调整,提升国家综合竞争优势;二是促进地区经济发展,提升地区经济竞争力;三是促进三次产业增长,提升行业之间融合发展水平。① 韩顺法从经济结构、产业关联和经济增长三个方面对文化创意产业的贡献进行理论和实证分析。设定了文化创意产业本身贡献于经济增长的直接路径,以及文化创意产业通过人力资本状况、技术创新能力、文化价值观来影响经济增长的三条间接路径。② 厉无畏认为创意产业改变经济发展方式:开辟经济增长新源泉,文化创意产业是经济增长的第四来源;以资源转化推进发展;以价值提升推进发展;以结构优化推进发展;以市场扩张推进发展。③ 尹宏探讨了创意经济的可持续发展特征及其促进城市可持续发展的途径。④ 文化创意产业在一个城市的发展对该城市产业结构优化的影响也表现在:文化创意产业本身的大发展,属于城市优化升级产业结构的具体体现;文化创意产业通过与其他产业相结合,推动促进这些产业实现产业结构的优化升级。文化创意产业的发展丰富了文化产品内涵,凝聚了更多一般人类劳动,在继承文化的同时,包涵更多的价值,因而,有利于提高文化产品附加值,实现"优质优价"。同时,文化创意产品的开发,反映了市场需求的趋势,潜在市场广阔。随着生产力的发展,人们生活水平和消费水平的提高,文化消费支出增大。因而,文化创意产品开发有着良好的市场前景,需求呈现旺盛趋势,在文化创意尚未被市场看好的情况下,发展文化创意产业有利于抢占产业发展先机,带动相关产业发展。文化创意是指存在于人体内的创造能力、各种技能和才华的表现和外化,是人类知识智力要素的使用,是人力资本的创造与使用,是知识产权的获得与使用,这些都属于非物质要素。因此,发展文化创意产业可以减少对物质要素的依赖和消耗,提升人力资本、知识要素在经济增长中的地位与作用。我国政府也高度重视文化创意产业并大力支持其快速扩张、集群发展,特别是在十八大报告中被提到了新的高度,确立文化产业在 2020 年将成为国民经济支柱性产业。发展文化创意产业,将会极大丰富文化内涵,发展自己的文化品牌产品,增强文化的自主创新含量,扩大知识产权

① 鲍枫. 中国文化创意产业集群发展研究[D]. 长春:吉林大学,2013.
② 韩顺法. 文化创意产业对国民经济发展的影响及实证研究[D]. 南京:南京航空航天大学,2010.
③ 厉无畏. 创意改变中国[M]. 北京:新华出版社,2009.
④ 尹宏. 现代城市创意经济发展研究[M]. 北京:中国经济出版社,2009.

内容,因而对于文化产业从粗放型生产到集约型的转变、实现文化创新和文化生产的良性循环。

文化创意产业有助于城市经济增长与收入增加。文化创意产业是高附加值产业,最显著的特征是鼓励个人创造力的无穷释放,能够创造出巨大的经济和社会效益,拉动当地的经济增长,提供充足的就业机会;带动相关产业的发展,为城市居民提供了大量的就业机会拉动就业,促进城市的可持续发展。从发达国家及地区的发展趋势来看,创意产业的就业量还会持续增长。Howkins 在其《创意经济》中披露:2004 年,七大工业国中半数以上的工作人员从事创意产业,而且其增长速度比传统服务业快 2 倍,比制造业快 4 倍。Howkins 预测,未来 20 年城市创意产业的就业人口将占世界城市总就业人口的 25%,将成为一个最为重要的就业部门。[1]十七届六中全会的召开,我国将文化产业定位为国民经济支柱性产业,在十二五期间作为重点的产业投资。各地竞相出台发展文化产业的规划,将其作为城市经济的新增长点进行培育。文化创意产业对于城市的经济发展来说,其重要性越来越凸显。

城市经济发展到一定阶段势必出现产业结构向先进的转换,产业结构的转型有三大核心内容:低附加值产业向高附加值产业转型;产业发展由粗放式向集约式发展;产业布局上有分散型向集聚型转变。产业结构的转型是新时期知识创新、科技进步引起的产业升级和经济扩张的过程。从历史进程看,历次产业升级与发展都是由重大影响的科技革命所引起的,随着知识经济信息技术发展,文化和高新技术产业在城市经济地位发生变化,创意经济势必推动城市产业结构升级、区域空间重组,造成城市资本、产业、劳动力、技术等元素的转换与流转。文化创意产业有广泛、强大的融合功能,对其他产业产生渗透、融合作用,把技术、文化、制造、服务融为一体,一方面增加了其他产业及产品的文化含量,提高了产品档次,优化了产业结构,促进其他产业升级,使其他产业能够更好地持续地与社会、环境和谐发展,更好地满足消费者更高层面的需求;另一方面通过与其他产业的融合,可以加快文化创意产业的发展,使发展文化创意产业具有更大的社会价值和意义。以文化产业

---

[1]　Howkins J. The Creative Economy: How People make money from ideas[M]. London: Allen Lane, 2001.

推动的城市"经济再生"为例,"文化产业集群能够自我生长并带动整个产业链的发展,使旧建筑群,特别老工业地区的闲置建筑与城市肌理生长相融合,通过文化产业的蓬勃发展,带动整个地区的经济再生"。① 谢菲尔德市是通过文化产业区和文化产业集群发展实现城市再生的典型案例之一。如周蜀秦、李程骅所述,文化创意产业处在国际产业分工价值链的高端,不仅在内容和业态等方面对创新型经济发展起到引领作用,而且可以直接促进城市经济转型和服务能级的提升。文化创意产业能够通过对城市空间的积极响应、城市产业体系的优化以及城市创新体系的培育,驱动城市的创新发展。中国城市在转型升级的过程中,应将文化创意产业的发展与城市经济体系的重构、城市文化生态的建设有机结合起来,营造"创意场域",促进文化创意阶层崛起,保障文化创意产业的健康生长,加快打造国际化的"创意城市"、"文化都市",探索文化创意产业引领城市转型的"中国路径"。②

2. 文化创意产业与社会和谐度

社会的安定、和谐、凝聚、团结、互动等的氛围,是居民的居住体验中的重要构成,也是城市人居环境建设中不可忽视的维度。文化创意产业的发展,为社会和谐度的建构和维系提供了有意义的路径。

文化创意产业和创意城市的发展,有助于城市的社会包容度培育。创意产业和创意阶层的著名研究学者佛罗里达将"社会宽容度"作为创意氛围的重要表现特征,并设计出"同性恋指数"、"波西米亚指数"进行测量。简·雅各布斯提出,多样性是城市的天性,更是城市文化多样性的体现,"城市里的多样性,不管是什么样的,都与一个事实有关,即,城市拥有众多人口,人们的兴趣、品位、需求、感觉和偏好五花八门、千姿百态"。③ 而创意城市以及多样化的创意人口构成和需求、偏好,有助于这种多样性。霍斯帕斯认为集中性(concentration)、多样性(diversity)和非稳定状态(instability)能增加城市创意形成的机会,多样性不仅仅是城市居民的个体差异,还包括他们不同的知识、技能和行为方式,甚至扩展到城市不同的意象和

---

① 杨继梅.城市再生的文化催化研究[D].上海:同济大学,2008:158.

② 周蜀秦,李程骅.文化创意产业促进城市转型的机制与战略路径[J].江海学刊,2013(6):84-90.

③ 简·雅各布斯.美国大城市的死与生[M].南京:译林出版社,2005:161.

建筑。多样性能够带来动力,使城市生活更加繁荣,是创意城市产生的丰厚土壤。创意城市不是精英阶层的独享,而是具备集聚性、多样性、不稳定性,市民能够参与并共享,持久充满活力的包容、和谐的创意空间。① 反过来,创意产业的发展在基于多样性、包容性的基础上,也回馈并促动着城市对此的需求和培育,提升城市人口、阶层、族群、文化之间的包容共存和互动激荡。"一个追求创意的城市或地区需要鼓励和促进人际沟通、激发文化与思想的相互交融,积极创造各种社会文化事件,并由此营造出多元开放的城市氛围。文化取向多元的环境、人物、事件构成了创意城市发展的要素。"②

文化创意产业的文化和创意要素,有助于增强城市的社会互动和"社会资本",增进城市的社会纽带。澳大利亚一项题为"创造社会资本——基于文化投资的社区效应跟踪研究"的研究,主要针对文化活动对于城市社会发展的长期影响,通过问卷调查法和焦点群体观察法,评估澳大利亚议会在 1994 年至 1995 年实施的"社区艺术网络"计划的社会影响,认为文化对于城市社区的社会影响主要体现在以下几个方面:①建立基于持久价值观的社区网络;②提高社会意识和社区公共意识;③激发推动人权和社会公平的社会活动;④增加市民的休闲娱乐选择;⑤增进对不同文化和生活方式的理解;⑥减少对某些个体或团体的社会隔离问题;⑦塑造社区特色和场所感;⑧提高对社区文化项目所具有的内在价值的理解。其中 65% 的受访者认为文化参与对于推动城市社会发展是非常重要的,其中"建立社区网络"、"塑造社区特色和场所感"、"提高对社区文化项目内涵价值的理解"三项指标的评价度最高。③ 1997 年,英国文化学者弗兰克·马塔罗斯出版了《美化还是装饰——文化参与的社会影响研究》,研究文化对于城市社会再生和社会发展的影响,从六个方面确认了文化参与的社会影响:个人发展,社会凝聚力,社区授权和自决,地方形象特色,想象与认知,健康与福利。④ 文化不

---

① 张婷婷,徐逸伦. 我国创意城市发展理念之反思[J]. 现代城市研究,2007(12):32-39.

② 成砚. 建设创意导向型城市人居环境的思考[J]. 北京规划建设,2012(1):114-119.

③ Evans G, Shaw P. The Contribution of Culture to Regeneration in the UK: A Review of Evidence [M]. London: Metropolitan University, 2004.

④ Matarasso F. Use or Ornament? The Social Impact of Participation in Arts Programmes [M]. London:Comedia and Earthscan Publications,1997.

只局限于其产业效益和文化产出功能,而是有其增进社会资本的多层面内涵。1997 年,"欧洲文化与开发研究小组"的"边缘发展:欧洲地区的文化与发展的研究意义",从文化对于社会发展的直接效应和间接效应的角度,分析文化和创意对于社区意识、群体记忆、社会福利等方面的影响。该研究指出,文化艺术对社会的直接影响包括:提供具有社会价值的文娱活动;提高社会福利;激发人们的思考;增强人们的社区意识;积极推动人们的心理健康。其间接影响包括:文化艺术通过增强公共愉悦性,丰富社会文化环境;文化是城市文明的源泉,是形成社会组织的动力;艺术活动激发人们的创意和思索,推动城市再生;文化艺术作品构成了社区的群体记忆(Collective Memory),并成为后代创造与智慧的蓄水池。①

创意的生产、文化的消费、文化产品的购买、文化设施的利用等,对于社会和谐具有不可忽视的作用。有研究者提出了文化参与中的创意性参与和接受性参与,创意性参与是指文化产品与文化活动的制作、创造、组织、创办、生产等,接受性参与是指文化活动的观赏,文化产品的购买,文化设施的利用等,是从文化消费角度的被动形式的参与。② 结合这些文化产品、文化活动、文化生产、文化消费中的参与,普林斯顿大学文化政策研究中心的一项研究,从"文化活动的直接社会效应(主动参与效应)、文化活动的间接社会效应(被动参与效应)、文化组织以及文化设施的社会影响"三个方面进行分析,对文化催化的社会效应进行了较为系统的研究,其中注重主体在文化、创意中的参与机制,以及其对于社会参与、社会互动、社区建设中的积极影响,见表 3-1③。

---

① The European Task Force on Culture and Development. In from the Margins, A Contribution to the Debate on Culture and Development in Europe[M]. Brussels, 1997.

② Australian Expert Group in Industry Studies of the University of Western Sydney. Social Impacts of Participation in the Arts and Cultural Activities [R]. Issues and Recommendations. Cultural Ministers Council Statistics Working Group, 2004.

③ Guetzkow J. How the Arts Impact Communities: An introduction to the literature on arts impact studies[Z]. Princeton University, Woodrow Wilson School of Public and International Affairs, Center for Arts and Cultural Policy Studies: Working Paper Series, 2002.

表 3-1　文化艺术的影响机制

	个人			社区		
	物质/健康	认识/心理	人际关系	经济	文化	社会
创意性参与	促进交往，有益健康；创造自我展示和娱乐的机会；减少青少年犯罪	提高主人翁意识和自尊；提高个人的社区归属感；提高人力资本；提高技术和创意才能	建立个人的社会网络；增强团队协作和交流意识	创造文化就业	增强社区特色	通过文化参与促进组织之间沟通，促进政府与非营利组织之间的合作
接受性参与	增加城市娱乐机会；舒缓压力	增加文化资本；提高视觉空间的内涵，即"莫扎特效应"；改善学习成绩	提高人与人之间的宽容与忍耐	提高社区的文化旅游收益，并通过"乘数效应"带动地方其他商业的发展	建立社区特色与自豪感，如宽容、坦诚等	建构人与人之间的交流桥梁
艺术家/文化组织/文化设施的影响	刺激个人参与文化的兴趣和机遇			增强社区成员文化参与热情；增强场地的投资吸引力；培育刺激文化产业增长的创意环境；促进城市再生	增强社区意象和地位	推动社区邻里的文化多样性；降低社区犯罪率

　　城市的文化创意产业在发展中形成的创意社群,是增强城市社会纽带和创新社会族群互动的有效推手。创意社群不是特定的地理区域,而是指在创意产业发展中形成的各种"群落"以及其社会关系的总称。① "创意社群"是面对迅速发展的后工业时代和知识型经济社会所带来的巨大挑战下,一个能充分利用文化、艺术、产业和社区之间产生重要联系的社群。创意社群通常在城市特定空间集中、集聚和互动,然后逐渐形成扩散和辐射效应,带动整个城市和区域的社会经济转型。不同创意社群间的有机互动有利于集聚创意产业的各类资源要素,如人才、企业和资本,也会对当地社区形成溢出效应。上海卢湾区的田子坊和八号桥便是很好的例证,在创意社群活跃和要素集聚的影响下,周围地价上升,居民文化素质和生活水平都有所提升。美国的辛辛那提市(Cincinnati),曾经城区破落、种族冲突不断、负面新闻泛滥,自从大力提升城市文化、推广中区音乐节以来,吸引了不少的"创意

① 厉无畏.创意改变中国[M].北京:新华出版社,2009.

阶层"的加入,形成辛辛那提城市中自己的"创意社群",推动着城市的复兴,也影响着原住民,使城市内部人口、族群的发展更加的均衡协调。① 创意社群的形成,将推动城市朝着更和谐的状态,推动健康蓬勃、活力迸发的社会状态。

通过文化的社会参与和社会赋权推动着城市的社会建设与社会平等、和谐。在《大温哥华地区100年远景规划》中,提出了宜居城市建设的关键原则:公平、尊严、易接近性、欢愉性、参与性和权力赋予性。Frith曾将文化产业政策分为产业型文化政策、旅游型文化政策、装饰性文化政策三类,而Bianchini认为,还有一种政策手段是"文化民主型"的,强调所有城市居民在公共社会生活中平等参与的重要性。公平、参与、权力赋予对于适宜居住性具有必要和积极的内涵性,并促进着阶层、族群之间的和谐稳定。文化和艺术对于这种社会建设的助益,不单单依靠和体现在公共性、事业性的文化艺术活动,也依靠经济和产业层面的文化艺术政策以及效果。有学者从文化、经济、社会的结合方面考察了文化政策的影响,其中包含了文化创意产业的基本构成。在文化层面它体现为文化资本的提升、艺术活动的消费等,在经济层面体现为吸引创意阶层的入驻、文化及创意产业的发展,在社会层面则有助于社区活化、社会融合、公共参与和意识的提高等。

3. 文化创意产业与文化丰厚度

文化创意产业的发展依托城市人居环境中的文化因素,文化是城市的生命和灵魂,是城市的内核、实力和形象;城市是文化的凝结和积淀,是文化的容器、载体和舞台;城市与文化是与生俱来、密不可分的统一体。② 善于运用文化资源,可以提升城市的文化品质,提高城市竞争力,对于城市的管理和发展无疑具有瞩目的意义。学者单霁翔指出,城市发展要从"功能城市"走向"文化城市"。③ 文化创意产业的发展,有助于城市加强对文化资源的开发、对文化资本的利用、对文化品质的挖掘,从而丰富城市的文化体验,提升居民的文化人居环境。

西方的城市发展曾面临"城市复兴"的问题,城市复兴(Urban Renaissanee)是对那些传统产业已经衰落,并且其社会、经济、环境和社区邻里也因此受到损失的

① 刘轶."创意社群":我国城市发展的新动力[J].云梦学刊,2007(4):89-92.
② 丁灵鸽. 城市新区主导区域城市设计中的文化植入研究[D].天津:天津大学,2012.
③ 单霁翔. 从"功能城市"走向"文化城市"发展路径辨析[J].文艺研究.2007(3):41-53

城市,通过采取一系列的手段使其在物质空间、社会、经济、环境和文化等方面得到全面的改善,再生其经济活力,恢复其已失效的社会功能,改善生态平衡与环境质量,并解决相应的社会问题。[①] 在此过程中,"城市文化复兴"则是通过与城市文化相关的手段达到城市复兴,例如新建旗舰型文化建筑、规划文化产业或创意产业集聚区等。这其中,文化创意产业是借以利用的主要手段。文化创意产业项目也作用于城市的"文化更新",提升城市文化面貌。基于西方一些发达国家和城市的经验,Kong 将 20 世纪 80 年代中期到 20 世纪 90 年代文化经济政策分为四个方面:增加对文化生产所需基础设施的投资,如各种工作室、营销及其他机构,并进行文化区的规划;出台各种标志性开发项目,如在内城地区建造艺术中心、剧院和音乐厅等,同时举办高赢利的文化节日,并往往与当地历史遗迹相联系,以此鼓励文化旅游业;投资公共艺术和雕塑的建设,以多种方式增加城市公共空间的活力;加强商业与公共部门的合作。张婷婷、徐逸伦总结创意城市的目标定位和建设模式,提出创意产业导向型、文化资源导向型、城市更新导向型以及混合型定位。[②] 创意城市的建设与城市更新通常融合并行,其中创意园区、文化产业起着重要作用。

　　西方的城市更新经历了较长时期的演化和发展:1950 年代的战后重建(Urban-Reconstruction)期、1960 年代的内城振兴和城市复苏(Urban Revitalization)时期、1970 年代以后的城市更新(Urban Renewal)阶段、1980 年代的城市再开发(Redevelopment)阶段、1990 年代以来的城市再生阶段(Urban Regeneration)、1990 年代末期和新时期的城市复兴(Urban Renaissance)阶段。[③] 进入城市再生阶段后,其特征是更为注重人居环境和社区可持续性等新的发展方式,侧重对现有城区的管理和改善而非的新城市化运动和开发,具有文化性的城市空间构建成为一种具有典型意义的运作,例如曼彻斯特与伯明翰滨水空间的整治与再利用、鲁贝市的"重新塑造城市公共空间"计划;城市更新不同阶段的推进中,从起初阶段较为单纯的物质环境建设逐步过渡到城市更新进程中的社会建设和公共社区、邻里关系构建,升级到强调宜居环境、社区可持续性发展,并在新近的城市复兴阶段以来

　　① 吴晨.文化竞争:欧洲城市复兴的核心[J].瞭望新闻周刊,2005(Z1):26-28.

　　② 张婷婷,徐逸伦.我国创意城市发展理念之反思[J].现代城市研究,2007(12):32-39.

　　③ Peter Roberts, Hugh Sykes. Urban Regeneration: A Handbook[M]. London: SAGE Publications. 2000:9-34.

把城市的人文性作为城市更新中的重要主题,希望通过城市独特的文化元素和前瞻的城市规划来复兴城市昔日的人文辉煌,强调文化复兴,保证城市特征和生活质量,寻求保持和延续城市的历史和文脉,例如伦敦、巴黎对文化领域投入的进一步扩大,作为老工业城市的格拉斯哥通过升级更新城市文化设施对城市面貌的重塑。从城市更新的这些不同的时期和阶段变迁来看,文化在城市开发和城市更新中的角色和地位也发生着变化,具有更加丰富和重要的地位,并充实和升华着城市更新的内涵。可以说,"自 20 世纪 70 年代末期以来,以文化再生和城市复兴为目标的城市更新,在西方一些国家逐步成为城市更新的主流。……在城市重新寻求发展动力时,文化所具有的独特的资源价值及其对经济发展突出的促进功能日益凸现。因此,以文化发展政策主导城市更新的实践在西方国家日渐深入"。[①]

在城市化以及城市更新、城市空间构建中,文化和创意对城市文脉的介入,大大增添了城市文化的传承与弘扬。文化创意产业是基于城市更新的文化生产模式而产生的,城市的复兴及竞争力最终来源于其特别的文化底蕴。在国外,19 世纪末兴起的"城市美化运动"曾引起人们大兴土木"美化"城市的浪潮,但是它们造成了文化的淡视和轻化,也在后来遭到批评和抵制。"创意产业通过对历史建筑、旧街坊空间的灵活使用,有效保护历史建筑,保存城市肌理,延续城市文脉,美化城市景观;创意产业富有时尚、个性的设计元素给历史建筑、街坊注入新鲜血液,赋予新的生命,时尚与传统得到完美结合,使历史建筑及街区成为这个城市的文化景观永久保存下来,优化了旧城空间秩序,并增添了新的景观,推动了一些特殊生活方式的出现"。[②] 文化创意产业与城市旧区改造的有机结合,可以避免城市文脉的中断,不仅对城市经济的发展产生了巨大的推动作用,而且使城市更具魅力,给人以城市的繁华感、文化底蕴的厚重感和时代的生机感,以城市文化氛围来提高城市文化丰厚度。英国泰晤士河南岸、德国鲁尔区、纽约苏荷区等文化创意街区或创意产业密集区域,都是由旧厂房、仓库改造而成,保留了城市的人文遗产,很好的结合了文化的传承与文化的创新,成为可持续发展的动力。工业衰落的纽约苏荷区经过艺术家的重新雕琢,成为世界创意之都;钢铁、纺织和航运曾经使曼彻斯特辉煌一

---

① 徐琴.城市更新中的文化传承与文化再生[J].中国名城,2009(1):27-33.

② 马英平.城市复兴中的创意产业发展规划研究[D].昆明:昆明理工大学,2010.

世又转瞬濒临颓败,通过文化和艺术再造成为世界文化创意中心;德国的鲁尔区,曾经面临重工业发展导致的严重环境污染,通过发展文化创意产业,成为知名的文化再生范例。"创意产业正是这种对旧城进行科学更新的动力,是城市健康发展的新的激励因素。创意产业无需占用更多的土地资源,仅仅依靠人才的创造力和集聚效应,就使面临废弃的老城区焕发了青春,不仅提升了该地区的文化品位,而且体现了区域经济协调发展的要求。"①

以文化导向和文化的产业项目推动城市更新的策略主要始于 20 世纪 70 年代的美国,例如匹兹堡文化地区的建设、巴尔的摩内港开发建设成效使得文化艺术在城市更新发展中受到越来越多的重视,这种模式和经验也对西欧和更广范围内的城市更新产生了显著影响。② 对于早期的城市更新来说,文化元素的注入具有偶发性和非自觉性,更多地是对更新地原有的环境要素、历史遗产和文化特征予以再利用,对工业建筑、废弃场所等进行娱乐休闲、特色餐饮、艺术展示交流等方面的改造。随着 20 世纪晚期以来城市中文化创意产业的兴盛发展,创意产业和文化创意活动在城市更新中起到显著的导向作用,文化创意产业集聚区尤其表现为城市更新中的新形式乃至主导形态,引导城市更新进入"创意城市"的新阶段。尤其自 20 世纪 90 年代后期以来,人文性主导的"城市复兴"引领着城市更新理念的升级与阶段性跃变,包括彼得·霍尔等诸多专家在内的"城市工作专题组"于 1999 年发表的"走向城市复兴"研究报告第一次提出"城市复兴"概念,该报告也成为"新世纪之交有关城市问题最重要的纲领性文件之一"。"在'城市复兴'思想的指引下,一些地区、城市开始注意到文化对城市发展的巨大潜力,纷纷制定城市的文化发展战略并且加大政府对文化建设的投资,通过文化规划与城市设计及经济再生的结合,成功地使一些经济衰退的城市重获发展,极大提高了城市的竞争力。"③

对文化创意产业的打造、对创意园区的塑造,通常涉及城市的文化空间、文化

① 国家高新技术产业开发区黄花岗科技园区管理委员会.都市创意产业理论与实践[M].广州:广东经济出版社,2008:8.

② 黄鹤.文化政策主导下的城市更新——西方城市运用文化资源促进城市发展的相关经验和启示[J].国外城市规划.2006(1):34-39.

③ 阳建强.西欧城市更新[M].南京:东南大学出版社,2012:52.

景观的建设与提升。对于一些城市来说,城市空间设施的混乱和低层次、去文化化,历史文化的破坏和特色文化的丧失,需要有力而繁荣发达的文化创意产业例如文化旅游、特色文化街区建设、艺术街区构建。如高宏宇认为,文化创意产业对于城市空间的作用主要在于城市空间景观塑造、城市空间结构优化、城市历史环境再生和城市空间活力生成。事实上,在城市的文化空间中,文化产业是主要的构成部分和动力之一。Frost Kumpf 认为,建造文化特区的目的包括:①活化城市的特定地区;②提供夜间活动而延长地区的使用时间;③让地区更安全与具有吸引力,④提供艺术活动与艺术组织所需的设施;⑤提供居民和游客的艺术活动;⑥提供艺术家就业和居住的机会;⑦让艺术与社区发展更紧密结合。Frost Kump 的文化特区讨论的是艺术这一类文化产业。他将美国的艺术文化特区分成文化复合用地、重要艺术机构专区、艺术与娱乐专区、市中心专区(Downtown Focus)与文化生产专区。① 文化产业在其中的动力充分彰显。Walter Santagata 将城市文化地区分为产业文化地区(Industrial Cultural District)、公共机构的文化地区、博物馆文化地区、城市文化地区几类。其中产业文化地区常同文化生产和文化消费相联系,是建立在中小文化生产机构集合基础上的城市空间;城市文化地区(Metropolitan Cultural District)——强调通过艺术活动联系的城市地区,可以为艺术表演、展览活动、文化服务提供空间。②

随着文化产业的快速发展,文化已成为城市舞台的主角之一,成为引领城市未来发展的重要力量。20 世纪 80 年代中期之后,西方城市普遍重视旧城改造和对经济发展,文化经济政策强调文化产品的地方生产、文化观光和城市政策的装饰,着眼于将文化视为城市的要素,通过文化资源的产业化与商品化,强调文化产品或资源的独特品位,将城市转变为具有浓厚吸引力的地方。我国的北京、上海、杭州、长沙等诸多城市,文化创意产业增加值比重日益增大,成为支柱产业。潜力巨大的文化创意产业、红火有序的演艺市场、精彩纷呈的影视作品,不仅让城市生活更加丰富多彩,也大幅提升了城市的文化品质和艺术品位,为提高城市知名度和影响力

---

① Frost Kumpf, Hilary Anne. Cultural Districts: The Arts as A Strategy for Revitalizing Our Cities [M]. New York: Americans for the Arts, 1998.

② Santagata W. Cultural Districts, Property Right and Sustainable Economic Growth[J]. International-al Journal of Urban and Regional Research, 2002,26(1):9-23.

提供了坚实有力的支撑。文化创意产业通过提供文化产品,满足人们的精神文化需求,进而改善城市文化服务。随着工业文明的推进,人们对文化产品的消费需求也会不断增长,为休闲娱乐、文化旅游、影音游戏产业等提供了巨大的市场需求,电影、音乐、体验式户外活动、旅游等文化活动正在逐渐成为人们重要娱乐方式。对于城市居民的文化需求的满足,离不开发达的文化创意产业,它们生成着文化上丰厚活跃的文化城市和创意城市。

4. 文化创意产业与生活便适度

文化创意产业的经济发展与产业结构转变对城市的物资生产、消费能力都有促动,文化创意产业也对城市的生活质量产生诉求和回馈。有研究者从城市文化的视角就城市文化对城市人居生活质量的提升进行了相关研究[①];王彬彬提出不同类别的创意产业可以分别提高人们的经济、文化、环境和社会生活品质。[②] 在对于城市宜居、宜人的生活质量的追求上,文化创意产业与人居环境建设是具有一致性的。诚如昆兹曼所言:"城市的未来在很大程度上取决于生活的品质。对于许多中国城市的市民来说,快速城市化使得生活品质有所下降。在这个时代,人们很少思考快速城市开发给城市宜居性造成的后果,但创意城市策略能够激发人们设法夺回美好的生活品质,并对城市进行必要的修复。创意城市不只是一个增进旅游、娱乐、就业和经济发展的处方,它是重新创造城市宜居性的一种手段,是一个使城市摆脱汽车交通和消费驱动型投资的生存策略。创意城市就是宜居城市。"[③]

在可持续发展理念和"人本主义"思想的影响下,城市的开发、更新和复兴开始更关注任何环境的平衡的关系,更注重运用文化元素来提升城市人居环境质量。西方后工业化时期的"城市更新",日益强调城市功能,特别是城市的商务、零售、娱乐和休闲功能。2005 年,城市工作专题组发表"迈向强有力的城市复兴"(Towards a Strong Urban Renaissance),报告中指出,城市复兴的意向是经过良好设计的、

① 李伟.城市文化与城市生活质量[J].山西建筑,2005(8):12-13.
② 王彬彬.加快文化创意产业发展的思考[EB/OL].[2015-12-20].http://www.zj.xinhuanet.com/website/2008-10/10/content_14605164.htm.
③ 唐燕,[德]克劳斯·昆兹曼.创意城市实践:欧洲和亚洲的视角[M].北京:清华大学出版社,2013:271.

紧凑的、互为联络的城市,这样的城市可支持广泛的用途,包括人们居住、工作和在很近的街区享受休闲时光。在城市环境建设的文化从产业策略上,西方国家的城市通过建设大型文化项目来重建城市中心区,以吸引人们返回市中心,并开发其他消费性服务业。我国在 20 世纪八九十年代以来的城市化过程中,城市的物质空间和场所、设施中由于其软性内容和人文内容的缺失,产生物对于人的忽视和挤占。随着文化艺术在城市发展中的重要作用开始显现,文化政策主导下的城市更新也渐渐成为旧城中心区更新的一种新模式。城市的创意产业、创意街区、创意场所和创意公共场域的兴起,为城市空间的塑造和建构提供了新的元素,也生成着创意导向下的城市物质环境更新。文化创意产业促进城市复兴的同时也使城市生活环境进一步改善。上海的新天地,通过对具有百年历史的石库门进行改造,实现文化创意产业和城市更新的有机结合,通过文化产业和文脉的延续营造出适宜城市居民居住的生活环境。

文化创意产业正成为改变城市生活方式的重要载体。发展文化创意产业也是创造一种新型生活方式,在促进消费的同时,还有利于提升生活品质。创意产业作为提高人民生活品质的重要途径,主要表现在可以扩大社会消费领域,增加高质量的闲暇消费。著名未来学家约翰·托夫勒在《第四次浪潮》一书中提出:农业社会是第一次浪潮,工业社会是第二次浪潮,后工业社会是第三次浪潮,信息革命是第四次浪潮,娱乐和旅游业是第五次浪潮。娱乐和旅游消费就属于闲暇消费。在闲暇时间里,人们主要从事科学、艺术、社交等活动。很明显,闲暇消费是社会消费的必然产物,是消费向高层次转变的标志,未来时代是新的闲暇时代。在中国,闲暇消费也已开始越来越成为人们消费的重要内容,消费形式和消费内容也日趋多样性。在创意产业中,影视、流行时尚、运动休闲等方面的内容都是具有闲暇消费性质的产业。这些产业一方面在满足人民群众的生活水平上起到积极的作用,另一方面,它们自身作为一种产业的存在对于我国经济和社会发展也起到积极的促进作用。因此,这就需要我们结合中国的实际,积极发展健康向上、有益身心、富有创意的闲暇消费,提高大众消费的质量和品味,使之成为提高人民生活质量的重要组成部分。台湾文化创意产业发展初期就强调,要通过发展创意生活产业,提升人们的生活品质,创造出具有文化品位和情调的创意生活方式,大大地拓展产业消费的空间。文化创意产业通过提供一系列的文化产品来满足人们多样化,高层次的精神文化需求。学者们通过文化创意产业对人们休闲娱乐生活的影响，来探究文化创意产业对于生活方式的改变作用。厉无畏提出创意产业改变社会生活方式：引领生活方式，提升生活品质，提升幸福指数。他认为创意产业可以从经济、文化、环境和社会等几个方面提高人们的生活品质。①

文化创意产业以及创意城市的发展，为城市创造和生成着富于生活质量的"创意环境"，它不仅包括便利的生活条件和基础设施，也包括其他有利于增强居民生活、休闲、学习、娱乐、沟通的综合性的便适环境和亲切程度，大大增强人的居住体验。兰德利也高度重视创意城市的人居环境和环境体验，他指出，创意城市的环境生命力和活力分成两个不同的层面，一是生态可持续性，二是城市设计方面，后者包括易读性、地方感、建筑特色、城市不同部分在设计上的连接、街灯的质感，以及都会环境的安全、友善与心理亲近的程度②。褚劲风在对于蒙特利尔、神户等作为创意产业城市的"宜居性"建设的研究中提出，蒙特利尔是"创意驱动"型而非投资拉动型城市住宅开发模式。而这两者之间的区分是值得注意和耐人寻味的，创意拉动型的城市生活品质显然不同于单纯的投资拉动和基础设施建设导向。城市便利论(Urban Amenity Theory)的支持者认为城市发展的推动力在于人力资本的积累，受过高等教育的劳动力有向便利性高的城市集中的趋势。反之，为了吸引和留住创意人才，给创意阶层营造良好的环境和氛围，生活便适度出现了创意导向下的改造与升华。

创意环境和"创意地点质量"就是在新的创意导向型城市范式中出现的新的对生活品质的塑造和约束条件。地点质量是指一套特定的当地特征，包括吸引人的自然和人为建筑环境、各式各样的人们、有活力的街道生活。佛罗里达对"地点质量"指出，创意阶层需要有新刺激的环境，因为久坐和工作时间的不确定性，所以需要多姿多彩的夜生活，需要能随时参与的街头文化，需要能够与他人互动交流的场所，需要方便的、能流汗的体育锻炼设施。所以，咖啡馆、酒吧、小剧场、小广场、住家附近的小径或公园、有特色的餐馆、书店等小规模的、有活力、非正式、街头形式的各种便利设施和各种艺术展等文化活动创意人具有更强的吸引力；相反，大型的

---

① 厉无畏.创意改变中国[M].北京：新华出版社，2009.

② Landry C. The Creative City：A Toolkit for Urban Innovators[M]. London：Comedia and Earthscan Publications，2000：242-246.

体育场馆、剧院、游乐园等大型购票观赏活动设施的建设不仅会浪费大量的人力财力,创意阶层也对他们没有太大兴趣。① 城市需要提供创意阶层所喜欢的地点质量,这在实现和保持创意阶层以及创意产业聚集和活跃的同时,也促进城市的繁荣。

5. 文化创意产业与绿色发展度

优质的人居环境需要绿色的生态环境。雷吉斯特(Richard Register)提出,生态城市是生态健全的城市,是紧凑、节能、与自然和谐、充满活动的聚居地,其中自然、技术、人文充分融合,物质、能量、信息高效利用。伴随着经济的发展,一系列的城市生态环境问题也相继出现,威胁着人居环境。

"十八大"提出"美丽中国",要求从源头上扭转生态环境恶化趋势,为人们创造良好的生产生活环境,而创意经济的内在属性符合低碳环保的可持续发展要求。首先,创意经济具有物耗能耗低、空间占用少、污染排放弱的特点;其次,经济发展对自然资源的依赖度明显下降;作为创意经济核心资源的人的创意具有可持续性,创意是无形的智力资源,是可再生的、取之不尽、用之不竭的资源;创意产业位居价值链的高端,属于现代服务业新型产业范畴,是可持续发展的绿色产业,也是环境友好型产业体系的重要组成部分。② 如兰德利所论述的,创意城市的环境生命力和活力中,生态可持续性是十分重要的层面之一,它包括空气和噪音污染、废弃物利用和处理、交通阻塞和绿色空间,与城市设计方面共同构筑的创意城市的关键。③ 在面临发展方式绿色转型的背景下,文化创意产业的发展"是文化经济化和经济文化化这一发展趋势的产物,具有低碳经济低能耗、低污染、低排放的特点,是转变经济发展方式的重要选择"。④

国外许多城市的实践表明,文化创意产业在其转型发展、城市环境改善和提升中发挥了重要的作用,如英国伦敦、伯明翰,美国匹兹堡、洛杉矶,德国鲁尔区等资

① Florida R. The Rise of the Creative Class: And how it's transforming work, leisure, community and everyday life[M]. New York: Basic Books, 2002:252, 249,314,358.

② 尹宏. 创意经济:城市经济可持续发展的高级形态[J].中国城市经济,2008(10):6-11.

③ Landry C. The Creative City: A Toolkit for Urban Innovators[M]. London: Comedia and Earthscan Publications, 2000: 242-246.

④ 邓显超.低碳经济视阈中的文化产业发展[J].长白学刊,2011(2):152-154.

源型、工业型城市。其中非常成功的就是伦敦通过发展文化创意产业从一个环境污染非常严重的"雾都"成为世界著名的创意城市,实现了"雾伦敦"向"酷伦敦"的转变。文化创意产业作为一种新兴产业,形成集文化、旅游、休闲、体验、创意为一体的产业网,有效解决了传统只停留在城市空间重建意义上的城市更新,从城市形象和城市功能两个方面带动了城市更新。通过发展文化创意产业,进行旧城改造,使得原来污染环境的重工业得到重新发展,使原有的工业布局得以更新和调整,同时也使得旧城换新颜,创建出新的适宜人居住的生态环境。发展文化创意产业可以降低城市经济发展对资源的依附性,进而减少资源损耗和环境污染。文化创意产业的智力化特征可以缓解和解决当前诸多城市面临的资源枯竭、环境污染和生态恶化等"城市病",建设资源节约型和环境友好型城市,有利于低碳城市、绿色城市的推进和发展。

6. 文化创意产业与自然宜人度

文化创意产业需要优质的自然环境土壤,而反过来发达的文化创意产业也有助于城市自然宜人度的提升。爱德华·格雷泽在针对佛罗里达"3T"理论的基础上提出"3S"理论,认为技能、阳光和城市蔓延是影响创意城市形成和发展的真正决定因素。其中,阳光主要是指气候等自然因素,城市蔓延主要是指居住条件等社会环境。在这里,格雷泽的视野已经超出了通常意义上的社会、文化、经济、人才、知识等因素,而是从自然环境和自然禀赋的角度,来探讨它与文化创意产业发展之间的关系。

创意城市的发展模式,使得文化创意产业成为新型的人居城市路径,以文化创意产业为主导产业体系的"创意城市"成为未来城市发展的主要趋势,它同时也将优质的自然环境纳入城市的内涵要求和禀赋之中,创意城市对绿色和生态的倡导有助于改善城市生态人居环境。钱学森曾经提出"山水城市"模式,认为要综合考虑生态环境与城市历史背景、文化脉络的相互协调。在文化产业的提升城市人居生活质量的重要路径中,有学者指出探讨了文化产业驱动城市人居生活质量提升的内在机理,它通过精神生活水平提高、生态环境改善从而提升城市人居生活质量。[①]

---

① 何文举,彭邦文.文化产业发展提升城市人居生活质量的路径研究——以湖南为例[J].湖南商学院学报,2013(2):39-48.

　　文化创意产业的具体部门也对城市的自然禀赋形成改善作用,它不仅关系到城市的人文景观,而且还通过城市人文景观与自然景观的和谐、城市环境的宜人度,作用于城市人居环境的改善。文化旅游产业是动力产业、民生产业、幸福产业、低碳产业、朝阳产业,是生态旅游的一种。生态旅游是一种返璞归真、追求生活环境和对自然、山林有明显指向的休闲旅游;是一种依赖环保、追求环保的审美旅游。文化旅游产业是一种特殊的综合性产业,因其关联性高、涉及面广、辐射性强、带动性强而成为新世纪经济社会发展中最具有活力的新兴产业。文化旅游包括历史遗迹、建筑、民族艺术、宗教等内容。文化旅游业以自然生态环境保护和人文环境相结合的开发理念,使其既体现生态旅游的可持续发展原则,保护当地的传统民俗文化和生态环境,向世界展示其独特的风采与魅力,又能带动当地旅游经济的发展,增加经济效益。"宜居城市还要合理安排城市用地,形成特色城市地域结构,并因地制宜地将自然景观、人文景观、历史风貌等融为一体,使人文景观因自然景观而添辉,自然景观借人文景观而增色,从而形成具有特色的城市景观。"①当前一些典型的文化旅游业,结合当地独特的自然景观,如"丽江印象"等,取得了很好的产业效益和文化效益,同时也使得对于地方自然景观的保护和重视具有了自觉性。作为文化产业重要组成部分的文化旅游产业的发展离不开良好的自然生态环境,发展文化产业对生态环境的需要也在一定程度上抑制了传统产业对生态环境的污染与破坏,从而有利于生态环境的保护。②

---

① 李丽萍,郭宝华.关于宜居城市的理论探讨[J].城市发展研究,2006(2):76-80.

② 刘晓彬.中国工业化中后期文化产业发展研究[D].成都:西南财经大学,2012.

第四章 文化创意产业提升城市人居环境质量的统计检验与回归分析*

当前,在城市化迅速发展时期,宜居城市是我国城市建设的主要目标。宜居城市的建设不仅仅是外在的物质建设,同时也包含了城市文化建设,而城市文化创意产业是城市文化建设的重要支撑和载体。本章以研究城市文化创意产业对城市人居环境质量的影响和作用为目的,运用 SPSS 软件进行分析,展开文化创意产业发展对提高城市人居环境质量作用的探索性研究。研究方式是通过查阅各种权威年鉴,查找政府工作报告和访问国家和城市统计局获得相关数据,并通过相关分析、回归分析进一步验证假设;描述并解释假设检验的结果,以回答文化创意产业对城市人居环境质量的影响和作用。并在检验结果基础上,从理论视角解释对每一项城市人居环境质量程度观测变量而言,文化创意产业的各组成要素作用方式。

一、研究假设与研究设计

(一) 研究假设

本章研究目的是通过定量描述和比较分析,了解文化创意产业发展对提高城市人居环境质量在经济、文化、社会、生活、自然、生态等方面的影响和作用。从而为政府各城市政府部门制定经济结构调整、产业发展和人才引进政策以及进行基础设施建设提供科学依据,以期能增强城市活力,提升城市知名度,提高城市吸引力,促进城市更快更好发展。总的研究假设是:文化创意产业发展对城市人居环境

---

* 本章由徐翔构建研究框架、理论指标体系及指导和修改,研究生李莎进行了数据收集和分析写作,其中收集整理的数据形成了本书附录。

质量具有影响和作用。根据这个基本假设以及相关理论内涵的分析,分别考察文化创意产业与城市人居环境质量中的六个方面的关系。提出的总假设 Q0 及 6 个分假设 Q1-Q6 如下所示:

Q0:文化创意产业发展对城市人居环境质量具有正向影响

Q1:文化创意产业发展对城市的经济富裕度具有正向影响

Q2:文化创意产业发展对城市的社会和谐度具有正向影响

Q3:文化创意产业发展对城市的生活便适度具有正向影响

Q4:文化创意产业发展对城市的文化丰厚度具有正向影响

Q5:文化创意产业发展对城市的自然宜人度具有正向影响

Q6:文化创意产业发展对城市的绿色发展度具有正向影响

(二)测量指标的选取

本章的研究中,对指标的选取遵循一定的原则。第一,科学性。科学性是构建指标体系的基础原则,它要求设计指标体系时必须以科学理论为指导,选择那些能够客观描述事物本质,且具代表性的指标。第二,针对性。选取的每一个指标能够从一个侧面反映城市文化创意产业发展或城市人居环境质量的某个要素。第三,系统性。城市文化产业发展和城市人居环境质量是比较复杂的系统,指标应系统、全面、综合地反映二者所涉及的各个方面。第四,独立性。每个指标能够尽可能地代表要素某个方面的特质,而某个特质,尽可能用少而精的指标来反映。第五,可操作性。可操作性指选取的指标其数据易于获取,评价整体过程操作规范。城市文化创意产业和城市人居环境质量评价体系复杂而庞大,要在理论分析基础上,切实考虑统计实践的可操作性以及数据资料方面的可获取性。在实际操作时,要求应尽量选择已列入统计范畴的规范化指标,而后,在指标选取的侧重点上也应不同,即指标之间要有良好的层级结构,测量指标的门类应具体,而高一层次的指标应该有较高的综合性。文化创意产业的发展是一个动态的过程,文化创意产业的竞争力也有动态化特点,其竞争力的大小在很大程度上取决于其未来发展的潜力,因而文化创意产业竞争力的评价体系必须兼顾当前的发展现状和未来的发展潜力,同时还要保证指标体系在一定时期内的相对稳定性,便于管理和预测。

1. 文化创意产业的测量

构建文化创意产业发展的测量指标应以下理念为核心：强调以文化创意为评价核心的理念；对现有文化创意产业评价指标体系中过于偏重生产的倾向进行补充和调整，以整体的产业体系和各种外部支持环境为指标评价对象。由于我国各地区经济发展水平存在着客观差距，导致其对文化创意产业认识和发展程度都有很大差别。借鉴现有研究成果、基于对文化创意产业的理解，参考"钻石模型"、"竞争力九因素"等相关理论，从文化创意产业的生产能力、创意阶层、创新能力三个层面，来构建文化创意产业的测量指标体系。每个层面的次级指标分别如下。

反映城市文化创意产业"生产能力"的指标：①文化创意产业增加值。指一定地区一定时期内（通常为一年）文化创意产业单位向社会提供的可供最终使用的产品或服务的总价值。增加值＝文化创意产业总产值－中间投入。②文化创意产业增加值占总增加值比重。文化创意产业增加值与生产总值的比重。③人均文化创意产业增加值。文化创意产业增加值与城市总人口数的比值。

反映城市文化创意产业创意阶层的指标：①艺术家与文化组织指数。各种文化组织活跃程度、从事艺术创作的人数。②文、体、娱从业人数。指在文化创意产业、体育事业、娱乐事业中工作并取得劳动报酬的全体人员。③大专以上人口所占比重。指本专科、研究生学历（包括硕士、博士学历）人数占当年平均职工人数的比重。该比重越高，则从业人员的素质越高，研发能力越强。

反映文化创意产业创新能力的指标：①专利数、论文发表数、科技成果数综合。该综合指标是衡量和评价一国或一地区自主创新产出能力、知识产出水平、科研水平公认的指标。②人均科技经费。政府对科技事业投入的总额与城市总人口之比。③人均教育支出。政府对教育事业的总投资额与城市总人口之比。

2. 城市人居环境质量的测量

城市人居环境的评价涉及城市的各个系统，但是在评价系统中也应该有主要目标与次要目标之分。本章认为宜居城市的评价以人居环境客观为主和生活质量主观为主为主要目标，其主要目标的确立是为了能够更好地反映城市人居环境质量的中心问题和人性化建设思想。宜居城市要持续发展，城市的各项支持系都是重要的策度因素，人居城市建设的最终目标应该是人—城市—自然的和谐共生，持续发展。参照国内外学者的相关理论研究，同时结合中国城市发展的实际情况，本章衡量城市人居环境质量选取了"经济富裕度"、"社会和谐度"、"生活便适度"、"文化丰厚度"、"自然宜人度"、"绿色发展度"6个可测量指标。基于相关理论和研究基础,选取了20项评价指标,构建了城市人居环境质量的测量指标。

反映"经济富裕度"的指标:①人均地区生产总值和职工平均工资。人均地区生产总值是地区的人均GDP反映着该地区创造财富、满足人们的物质需要的能力。职工平均工资指企业、事业、机关单位的职工在一定时期内平均每人所得的货币工资额。它表明一定时期职工工资收入的高低程度,是反映职工工资水平的主要指标。②每万人社会消费品零售额。社会消费品零售总额与每万人的比重。该数据是表现国内消费需求最直接的数据。它是反映各行业通过多种商品流通渠道向居民和社会集团供应的生活消费品总量,是研究国内零售市场变动情况、反映经济景气程度的重要指标。③第三产业占GDP比重。第三产业生产总值与生产总值比重。是宏观描述一个国家(或地区)产业结构分布的最重要经济指标,该指标充分体现出一个国家经济发展历程和通过政策引导产业结构调整前后所发生的变化。

衡量"社会和谐度"的指标:①民众对政府满意度。市民对政府的满意程度。②社会安全民众满意度。市民对社会安全的满意程度。③社会保障覆盖率和失业保险参保率综合。市民接受社会保障面和登记参加失业保险的比率,两者无量纲化后等权处理的综合值。

衡量"生活便适度"的指标:①人均居住用地面积。指城市和县人民政府所在地镇内的居住用地面积除以中心城区(镇区)内的常住人口数量。②人均实有道路面积。城市实有道路面积与城市总人口数之比,是衡量交通基本设施状况的指标。③人均医生数。城市医生总数和城市总人口数之比。是反映医疗基本水平的重要指标。④互联网普及率。指全市互联网用户数占全市常住人口总数的比例。该指标反映一个国家或地区经常使用因特网的人口比例,通常国际上用来衡量一个国家或地区的信息化发达程度。⑤人均用水和用电量综合。城市人均用水量和人均用电量无量纲化处理后等权处理的综合值。

衡量"文化丰厚度"的指标:①名胜古迹指数。城市历史文化和名胜古迹指数。该指数的数值来自《中国城市竞争力年鉴》,为专家打分的数值。②公共图书馆藏书总量指数。城市公共图书馆拥有的总藏书数量。③剧场、歌剧院数量指数。城市市区所拥有的剧场、影剧院数量。④高校数量指数。城市的高等院校数量。

衡量"自然宜人度"的指标:①山水优美度。山水风光优美程度。②气候环境舒适度。气候环境舒适宜人程度。

衡量"绿色发展度"的指标:①每亿元工业产值的工业二氧化硫排放量_逆向转换后。衡量空气气体排放量的重要标准。②每亿元工业产值的工业烟尘排放量_逆向转换后。衡量粉尘排放量的标准。③建成区绿化覆盖率。建成区所有植被的垂直投影面积与建成区面积比率,该指标是衡量城市绿化程度的重要指标。

(三)数据来源与数据预处理

我国共有 287 个地级及以上城市,要获取所有城市的文化创意产业评价指标和城市人居环境质量指标并非易事。由于一些评价指标的数据难以获取和缺失,本章选取了 127 个地级及以上城市作为样本进行研究和分析。本书所使用的绝大多数据均来自 2014 年《国民经济行业分类》《中国城市统计年鉴》《中国区域经济统计年鉴》《中国城市竞争力年鉴》《中国旅游统计年鉴》以及各个城市的政府工作报告。

由于城市文创产业和城市人居环境质量的各项指标数据量纲不同,因此要对这些数据进行多元统计分析,就必须对所有数据进行无量纲化处理。本章对所有的原始数据进行了无量纲化处理,处理公式是: $x* = (x - \min)/(\max - \min)$。其中, $x*$ 是指数,x 是原始数值,$\max$ 是该指标所有样本城市中的原始数值的最大值,$\min$ 是该指标所有样本城市中的原始数值的最小值。处理后的指标值映射到 $[0,1]$ 的区间内。

二、相关性的检验与分析

对变量进行相关系数的检验分析,分别考察文化创意产业与城市人居环境质量之间的关系。通过 SPSS 软件对数据进行计算,得到的相关系数见表 4-1。

通过相关系数的检验可以看到,文化创意产业的指标与城市人居环境质量的多数指标之间,存在着显著的相关性。数据显示,在 0.05 的显著性水平上,也存在着一些不够显著的相关系数值。

表 4-1　文化创意产业发展与城市人居环境质量的相关性

		人均地区生产总值和职工平均工资的综合	每万人社会消费品零售额	第三产业占GDP的比重	民众对政府满意度	民众对社会安全满意度	社会保障覆盖率和失业保险参保率综合	每万人拥有的医生数	互联网用户普及率	人均城市实有道路面积	人均居住用地面积	人均用水和用电量综合
文化创意产业增加值	Pearson 相关性	0.683	0.652	0.518	0.753	0.727	0.530	0.496	0.427	0.236	0.243	0.524
	显著性(双侧)	0.000	0.000	0.000	0.000	0.000	0.000	0.000	0.000	0.008	0.006	0.000
	N	127	127	127	127	127	127	127	127	127	127	127
文化创意产业增加值占总增加值比重	Pearson 相关性	0.426	0.526	0.445	0.537	0.549	0.393	0.390	0.412	0.176	0.095	0.343
	显著性(双侧)	0.000	0.000	0.000	0.000	0.000	0.000	0.000	0.000	0.048	0.288	0.000
	N	127	127	127	127	127	127	127	127	127	127	127
人均文化创意产业增加值	Pearson 相关性	0.647	0.622	0.463	0.728	0.667	0.758	0.439	0.469	0.384	0.267	0.701
	显著性(双侧)	0.000	0.000	0.000	0.000	0.000	0.000	0.000	0.000	0.000	0.002	0.000
	N	127	127	127	127	127	127	127	127	127	127	127
艺术家与文化组织指数	Pearson 相关性	0.424	0.428	0.469	0.429	0.429	0.317	0.455	0.314	0.006	0.162	0.267
	显著性(双侧)	0.000	0.000	0.000	0.000	0.000	0.000	0.000	0.000	0.944	0.069	0.002
	N	127	127	127	127	127	127	127	127	127	127	127
文化、体育、娱乐业从业人数	Pearson 相关性	0.532	0.523	0.499	0.513	0.525	0.396	0.547	0.424	0.176	0.287	0.380
	显著性(双侧)	0.000	0.000	0.000	0.000	0.000	0.000	0.000	0.000	0.047	0.001	0.000
	N	127	127	127	127	127	127	127	127	127	127	127
大专以上人口比重	Pearson 相关性	0.749	0.745	0.580	0.721	0.696	0.537	0.608	0.606	0.397	0.462	0.531
	显著性(双侧)	0.000	0.000	0.000	0.000	0.000	0.000	0.000	0.000	0.000	0.000	0.000
	N	127	127	127	127	127	127	127	127	127	127	127
专利数—论文发表数—科技成果数综合	Pearson 相关性	0.686	0.658	0.551	0.724	0.699	0.503	0.530	0.479	0.271	0.327	0.491
	显著性(双侧)	0.000	0.000	0.000	0.000	0.000	0.000	0.000	0.002	0.000	0.000	0.000
	N	127	127	127	127	127	127	127	127	127	127	127
人均科技经费	Pearson 相关性	0.723	0.643	0.427	0.647	0.620	0.631	0.493	0.468	0.426	0.401	0.555
	显著性(双侧)	0.000	0.000	0.000	0.000	0.000	0.000	0.000	0.000	0.000	0.000	0.000
	N	127	127	127	127	127	127	127	127	127	127	127
人均教育支出	Pearson 相关性	0.833	0.673	0.442	0.598	0.547	0.711	0.553	0.534	0.636	0.588	0.626
	显著性(双侧)	0.000	0.000	0.000	0.000	0.000	0.000	0.000	0.000	0.000	0.000	0.000
	N	127	127	127	127	127	127	127	127	127	127	127

（续表）

		名胜古迹指数	剧场、歌剧院数量情况	公共图书馆藏书量情况	高校数量	山水优美度	气候环境舒适度	每亿元工业产值的工业二氧化硫排放量	每亿元工业产值的工业烟尘排放量	建成区绿化覆盖率
文化创意产业增加值	Pearson 相关性	0.499	0.616	0.788	0.640	0.330	0.321	0.204	0.241	0.133
	显著性(双侧)	0.000	0.000	0.000	0.000	0.000	0.000	0.021	0.006	0.135
	N	127	127	127	127	127	127	127	127	127
文化创意产业增加值占总增加值比重	Pearson 相关性	0.438	0.397	0.431	0.483	0.477	0.496	0.235	0.242	0.195
	显著性(双侧)	0.000	0.000	0.000	0.000	0.000	0.000	0.008	0.006	0.028
	N	127	127	127	127	127	127	127	127	127
人均文化创意产业增加值	Pearson 相关性	0.344	0.471	0.743	0.394	0.431	0.399	0.221	0.264	0.144
	显著性(双侧)	0.000	0.000	0.000	0.000	0.000	0.000	0.012	0.003	0.106
	N	127	127	127	127	127	127	127	127	127
艺术家与文化组织指数	Pearson 相关性	0.436	0.580	0.546	0.570	0.061	0.061	0.120	0.145	0.084
	显著性(双侧)	0.000	0.000	0.000	0.000	0.495	0.497	0.177	0.103	0.347
	N	127	127	127	127	127	127	127	127	127
文化、体育、娱乐业从业人数	Pearson 相关性	0.490	0.696	0.628	0.710	0.086	0.097	0.099	0.163	0.100
	显著性(双侧)	0.000	0.000	0.000	0.000	0.339	0.278	0.267	0.066	0.264
	N	127	127	127	127	127	127	127	127	127
大专以上人口比重	Pearson 相关性	0.542	0.617	0.708	0.724	0.340	0.370	0.220	0.304	0.203
	显著性(双侧)	0.000	0.000	0.000	0.000	0.000	0.000	0.013	0.001	0.022
	N	127	127	127	127	127	127	127	127	127
专利数—论文发表数—科技成果数综合	Pearson 相关性	0.531	0.692	0.809	0.736	0.232	0.274	0.201	0.232	0.151
	显著性(双侧)	0.000	0.000	0.000	0.000	0.009	0.002	0.024	0.009	0.091
	N	127	127	127	127	127	127	127	127	127
人均科技经费	Pearson 相关性	0.367	0.529	0.716	0.424	0.359	0.389	0.247	0.271	0.182
	显著性(双侧)	0.000	0.000	0.000	0.000	0.000	0.000	0.005	0.002	0.040
	N	127	127	127	127	127	127	127	127	127
人均教育支出	Pearson 相关性	0.329	0.563	0.623	0.405	0.296	0.306	0.054	0.125	0.160
	显著性(双侧)	0.000	0.000	0.000	0.000	0.001	0.000	0.546	0.163	0.072
	N	127	127	127	127	127	127	127	127	127

从文化创意产业发展与经济方面的人居环境质量来看,两者的关系比较紧密。两者之间每个指标都具有显著的相关性,相关系数也处于比较高的值。例如文化创意产业增加值与地区的生产总值和职工平均工资的相关系数为 0.683,而人均教育支出与后者的相比系数甚至达 0.833。

从文化创意产业发展与社会方面的人居环境质量来看,相关系数全部通过显著性检验。文化创意产业增加值以及人均的文化创意产业增加值,与民众的政府满意度、社会安全满意度都有较高的相关系数值。艺术家与文化组织指数对社会和谐度的相关系数值相对较低,但也存在着显著关系。

从文化创意产业发展与生活方面的人居环境质量来看,文化创意产业增加值占总增加值比重与人均居住用地面积、艺术家与文化组织指数和人均城市实有道路面积、艺术家与文化组织和人均居住用地面积的相关系数未通过显著性检验。城市的艺术家与文化组织指数反映着该城市的艺术文化发展水平以及创意阶层的集聚,可以看出它与城市的生活便适度之间的关系并不十分的紧密和必然。霍斯帕斯等研究者曾提出,"不稳定状态"有助于区域、城市的创意迸发。更为准确地说,文化创意阶层更需要大都市的集中性,而不是田园城市般的宜居、宜行的人居质量。创意阶层尤其是从事艺术、文化等领域的人群,对于都市的生活人居环境的反作用力也相对较弱。表中数据显示,多个相关系数尽管具有显著性,但其值都很低,例如文化创意产业增加值与人均城市实有道路面积、文化体育娱乐业与人均城市实有道路面积的相关系数是 0.176。

从文化创意产业发展与文化方面的人居环境质量来看,两者之间具有紧密的相关性。事实上这是易于理解的,文化创意产业需要发达的文化资源、浓郁的文化氛围、丰厚的文化资本来支撑其文化产业和文化活力,而反过来文化创意产业也反馈和反哺于城市的各种文化设施、文化空间、文化服务和文化软实力。

从文化创意产业发展与自然环境方面的人居环境质量来看,需要加以区分性的对待。文化创意产业具有产业性的一面,也具有文化艺术性的一面;一方面表现出高度先进和知识化、创新化的产业部分形态,另一方面也表现出以艺术家、文艺从业人员甚至是"波西米亚"人群汇聚为代表的文化艺术城市。经济和产业部门意义上的文化创意产业,与自然环境的优美怡人度存在着正相关;但是艺术家与文化组织指数、文化体育娱乐业从业人数这两个指标,与人居环境中的自然宜人度并没有表现出具有统计显著意义的相关性。

从文化创意产业发展与绿色生态方面的人居环境质量来看,两者既具有一定的相关,也具有较多方面的差异。文化创意产业增加值和建成区绿化覆盖率、人均文化创意产业增加值和建成区绿化覆盖率、艺术家与文化组织指数和绿色发展度的所有指标、文化体育娱乐业从业人数和绿色发展度的所有指标、创新成果(专利数、论文数、科技成果数)和建成区绿化覆盖率、人均教育支持和绿色发展度的所有指标,其相关系数都未通过显著性检验。文化创意产业总体上是有助于城市的绿色发展度提升的,但是创意阶层特别是从事文化行业的阶层,以及对于人口的教育投入,它们并未体现出对于城市转向绿色文明、提高城市绿色建设的实质性的显著关联。文化创意产业的发展若要助理于城市的绿色发展度,不能过于依赖文化艺术等"软"性的文化阶层领域,要着重文化工业、创新驱动等更为根本性的方式转变。

三、多元回归分析

本章运用多元线性回归分析的方法,对文化创意产业和城市人居环境质量的作用关系进行检验和分析。回归分析是分析变量之间相关关系的有效方法。回归分析中,解释变量称为自变量,被解释变量称为因变量。多个解释变量的回归分析称为多元回归分析。本研究采用多元线性回归分析,以文化创新产业各因子为自变量,以城市人居环境质量各因子为因变量,分析城市人居环境质量与文化创新产业的相关性。分析工具采用的是 SPSS 软件,SPSS 软件是社会科学研究中重要软件,它通过多元回归分析可以进一步验证各因子间的关系。

将文化创意产业 9 个指标作为自变量,将城市人居环境质量中各环境的 20 个指标作为因变量,进行多元回归分析,检验本章最初的假设。各变量如下表所示,其中 U1-U9 的九个变量为文化创意产业的测量指标,E1-V3 的 20 个指标为城市人居环境质量的测量指标。详见表 4-2。

对自变量和因变量得到的多元线性回归分析结果如下表所示,该结果系通过SPSS 软件的多元线性回归模块,以"进入"方法计算所得。本章后文的多元回归分析中,如无特殊说明,都是基于下表数据结果的检验分析。详见表 4-3。

表 4-2　文化创意产业与城市人居环境质量的测量指标

U_1	文化创意产业增加值
U_2	文化创意产业增加值占总增加值比重
U_3	人均文化创意产业增加值
U_4	艺术家与文化组织指数
U_5	文化体育娱乐业从业人数
U_6	大专以上人口比重
U_7	专利数—论文发表数—科技成果数综合
U_8	人均科技经费
U_9	人均教育支出
E_1	第三产业占 GDP 的比重
E_2	人均地区生产总值和职工平均工资的综合
E_3	每万人社会消费品零售额
F_1	民众对政府满意度
F_2	民众对社会安全满意度
F_3	社会保障覆盖率和失业保险参保率综合
X_1	每万人拥有的医生数
X_2	互联网用户普及率
X_3	人均城市实有道路面积
X_4	人均居住用地面积
X_5	人均用水和用电量综合
Y_1	名胜古迹指数
Y_2	剧场、歌剧院个数
Y_3	公共图书馆藏书总量
Y_4	高校数量
Z_1	山水优美度
Z_2	气候环境舒适度
V_1	每亿元工业产值的工业二氧化硫排放量(逆向已转化)
V_2	每亿元工业产值的工业烟尘排放量指数(逆向已转化)
V_3	建成区绿化覆盖率

表 4-3　对文化创意产业与城市人居环境质量的多元线性回归分析

		自变量回归系数、自变量回归系数显著性、回归方程显著性								
	自变量	U_1	U_2	U_3	U_4	U_5	U_6	U_7	U_8	U_9
E_1	回归系数	-0.432	0.157	0.292	0.179	0.014	0.346	0.279	-0.179	0.137
	t 值	-1.798	1.660	2.065	1.075	0.070	2.556	1.120	-1.421	1.313
	显著性	0.075	0.100	0.041	0.284	0.944	0.012	0.265	0.158	0.192
	回归方程	调整判定系数:0.366　　F 值:9.092　　显著性:0.000								
	自变量	U_1	U_2	U_3	U_4	U_5	U_6	U_7	U_8	U_9
E_2	回归系数	-0.032	-0.077	0.167	-0.206	0.191	0.395	-0.100	0.094	0.546
	t 值	-0.243	-1.462	2.115	-2.222	1.729	5.233	-0.720	1.346	9.383
	显著性	0.809	0.147	0.037	0.028	0.086	0.000	0.473	0.181	0.000
	回归方程	调整判定系数:0.803　　F 值:58.246　　显著性:0.000								
	自变量	U_1	U_2	U_3	U_4	U_5	U_6	U_7	U_8	U_9
E_3	回归系数	-0.238	0.117	0.228	-0.156	0.149	0.478	0.057	0.014	0.306
	t 值	-1.322	1.655	2.148	-1.247	1.003	4.705	0.306	0.149	3.894
	显著性	0.189	0.101	0.034	0.215	0.318	0.000	0.760	0.882	0.000
	回归方程	调整判定系数:0.643　　F 值:26.227　　显著性:0.000								
	自变量	U_1	U_2	U_3	U_4	U_5	U_6	U_7	U_8	U_9
F_1	回归系数	-0.062	0.035	0.382	-0.186	-0.074	0.239	0.520	-0.039	0.068
	t 值	-0.360	0.514	3.760	-1.558	-0.521	2.455	2.902	-0.426	0.899
	显著性	0.719	0.608	0.000	0.122	0.603	0.016	0.004	0.671	0.370
	回归方程	调整判定系数:0.673　　F 值:29.842　　显著性:0.000								
	自变量	U_1	U_2	U_3	U_4	U_5	U_6	U_7	U_8	U_9
F_2	回归系数	0.078	0.100	0.236	-0.268	0.096	0.218	0.344	0.025	0.020
	t 值	0.404	1.328	2.080	-2.011	0.606	2.007	1.721	0.250	0.241
	显著性	0.687	0.187	0.040	0.047	0.546	0.047	0.088	0.803	0.810
	回归方程	调整判定系数:0.594　　F 值:21.461　　显著性:0.000								
	自变量	U_1	U_2	U_3	U_4	U_5	U_6	U_7	U_8	U_9
F_3	回归系数	-0.921	-0.039	0.974	-0.068	0.294	0.077	0.152	0.068	0.452
	t 值	-6.771	-0.732	12.134	-0.725	2.618	1.005	1.076	0.955	7.624
	显著性	0.000	0.465	0.000	0.470	0.010	0.317	0.284	0.342	0.000
	回归方程	调整判定系数:0.797　　F 值:55.807　　显著性:0.000								
	自变量	U_1	U_2	U_3	U_4	U_5	U_6	U_7	U_8	U_9
X_1	回归系数	-0.286	0.084	0.161	-0.084	0.527	0.417	-0.30	0.013	0.326
	t 值	-1.280	0.956	1.220	-0.541	2.857	3.306	-1.312	0.108	3.349
	显著性	0.203	0.341	0.225	0.590	0.005	0.001	0.192	0.914	0.001

（续表）

	自变量回归系数、自变量回归系数显著性、回归方程显著性									
	回归方程	调整判定系数:0.451			F 值:12.488			显著性:0.000		
X_2	自变量	U_1	U_2	U_3	U_4	U_5	U_6	U_7	U_8	U_9
	回归系数	−0.806	0.157	0.408	−0.210	0.363	0.532	0.151	−0.084	0.300
	t 值	−3.698	1.830	3.172	−1.393	2.024	4.331	0.667	−0.735	3.159
	显著性	0.000	0.070	0.002	0.166	0.045	0.000	0.506	0.464	0.002
	回归方程	调整判定系数:0.478			F 值:13.843			显著性:0.000		
X_3	自变量	U_1	U_2	U_3	U_4	U_5	U_6	U_7	U_8	U_9
	回归系数	−0.725	−0.040	0.395	−0.633	0.572	0.324	−0.028	0.058	0.659
	t 值	−3.834	−0.540	3.538	−4.825	3.666	3.034	−0.144	0.583	7.994
	显著性	0.000	0.590	0.001	0.000	0.000	0.003	0.885	0.561	0.000
	回归方程	调整判定系数:0.607			F 值:22.598			显著性:0.000		
X_4	自变量	U_1	U_2	U_3	U_4	U_5	U_6	U_7	U_8	U_9
	回归系数	−0.600	−0.161	0.171	−0.319	0.431	0.528	−0.109	0.023	0.595
	t 值	−2.780	−1.898	1.344	−2.133	2.424	4.335	−0.486	0.206	6.328
	显著性	0.006	0.060	0.182	0.035	0.017	0.000	0.628	0.837	0.000
	回归方程	调整判定系数:0.488			F 值:14.346			显著性:0.000		
X_5	自变量	U_1	U_2	U_3	U_4	U_5	U_6	U_7	U_8	U_9
	回归系数	−0.647	−0.099	0.838	−0.278	0.378	0.143	0.176	−0.010	0.341
	t 值	−3.511	−1.370	7.710	−2.181	2.489	1.379	0.922	−0.106	4.248
	显著性	0.001	0.173	0.000	0.031	0.014	0.171	0.358	0.916	0.000
	回归方程	调整判定系数:0.627			F 值:24.548			显著性:0.000		
Y_1	自变量	U_1	U_2	U_3	U_4	U_5	U_6	U_7	U_8	U_9
	回归系数	−0.007	0.210	−0.055	−0.020	0.138	0.309	0.195	−0.109	−0.012
	t 值	−0.027	2.120	−0.369	−0.166	0.666	2.173	0.743	−0.827	−0.111
	显著性	0.979	0.036	0.712	0.868	0.507	0.032	0.459	0.410	0.912
	回归方程	调整判定系数:0.302			F 值:7.051			显著性:0.000		
Y_2	自变量	U_1	U_2	U_3	U_4	U_5	U_6	U_7	U_8	U_9
	回归系数	−0.134	0.064	0.133	0.051	0.388	0.069	0.517	−0.030	−0.090
	t 值	−0.951	1.150	1.596	0.519	3.337	0.865	3.532	−0.406	−1.460
	显著性	0.343	0.252	0.113	0.605	0.001	0.389	0.001	0.685	0.147
	回归方程	调整判定系数:0.782			F 值:51.181			显著性:0.000		
Y_3	自变量	U_1	U_2	U_3	U_4	U_5	U_6	U_7	U_8	U_9
	回归系数	0.340	−0.087	−0.044	−0.098	0.028	−0.032	0.773	0.113	−0.106
	t 值	3.589	−2.322	−0.780	−1.489	0.358	−0.599	7.862	2.281	−2.571
	显著性	0.000	0.022	0.437	0.139	0.721	0.550	0.000	0.024	0.011

（续表）

	自变量回归系数、自变量回归系数显著性、回归方程显著性								
	回归方程	调整判定系数:0.901　　　F值:129.061　　　显著性:0.000								
Y₄	自变量	U₁	U₂	U₃	U₄	U₅	U₆	U₇	U₈	U₉
	回归系数	−0.164	0.163	−0.044	−0.342	0.498	0.410	0.565	−0.270	−0.059
	t 值	−0.938	2.365	−0.423	−2.822	3.457	4.158	3.113	−2.954	−0.770
	显著性	0.350	0.020	0.673	0.006	0.001	0.000	0.002	0.004	0.443
	回归方程	调整判定系数:0.665　　　F值:28.770　　　显著性:0.000								
Z₁	自变量	U₁	U₂	U₃	U₄	U₅	U₆	U₇	U₈	U₉
	回归系数	0.034	0.369	0.158	−0.109	−0.150	0.234	−0.229	0.145	0.068
	t 值	0.133	3.667	0.046	−0.616	−0.714	1.620	−0.865	1.081	0.612
	显著性	0.894	0.000	0.298	0.539	0.477	0.108	0.389	0.282	0.542
	回归方程	调整判定系数:0.283　　　F值:6.521　　　显著性:0.000								
Z₂	自变量	U₁	U₂	U₃	U₄	U₅	U₆	U₇	U₈	U₉
	回归系数	−0.226	0.420	0.126	−0.175	−0.202	0.238	0.132	0.170	0.036
	t 值	−0.901	4.257	0.853	−1.007	−0.976	1.682	0.506	1.294	0.333
	显著性	0.369	0.000	0.395	0.316	0.331	0.095	0.613	0.198	0.739
	回归方程	调整判定系数:0.308　　　F值:7.235　　　显著性:0.000								
V₁	自变量	U₁	U₂	U₃	U₄	U₅	U₆	U₇	U₈	U₉
	回归系数	−0.200	0.131	0.137	0.099	−0.291	0.108	0.325	0.218	−0.277
	t 值	−0.687	1.145	0.795	0.491	−1.210	0.653	1.073	1.425	−2.177
	显著性	0.494	0.255	0.428	0.624	0.229	0.515	0.286	0.157	0.031
	回归方程	调整判定系数:0.064　　　F值:1.962　　　显著性:0.050								
V₂	自变量	U₁	U₂	U₃	U₄	U₅	U₆	U₇	U₈	U₉
	回归系数	−0.188	0.76	0.985	−0.096	−0.206	1.732	0.240	1.059	−1.463
	t 值	−0.644	0.08	0.169	−1.463	−0.049	0.285	0.07	0.162	−0.186
	显著性	0.521	0.447	0.326	0.923	0.837	0.086	0.811	0.292	0.146
	回归方程	调整判定系数:0.067　　　F值:2.010　　　显著性:.044								
V₃	自变量	U₁	U₂	U₃	U₄	U₅	U₆	U₇	U₈	U₉
	回归系数	−0.275	0.158	0.051	−0.012	−0.048	0.188	0.098	0.057	0.053
	t 值	−0.909	1.330	0.287	−0.058	−0.191	1.104	0.312	0.360	0.405
	显著性	0.365	0.186	0.775	0.954	0.849	0.272	0.756	0.720	0.686
	回归方程	调整判定系数:−0.040　　　F值:0.944　　　显著性:0.490								

（一）文化创意产业与城市经济富裕度

1. 假设的检验结果分析

宜居城市的经济环境通过城市经济富裕度来衡量。以衡量宜居城市经济富裕度 3 个指标 E_1，E_2，E_3 为因变量，衡量文化创意产业发展的 9 个指标为自变量的回归方程 F 值均通过显著性检验，说明三个回归方均有意义。

对 E_1 而言，U_1、U_2、U_4、U_5、U_7、U_8、U_9 回归系数未通过显著性检验，这说明目前我国城市产业结构发展并没有呈现出与文化创意产业增加值、文化创意产业增加值占总增加值比重、艺术家与文化组织指数、文化体育娱乐业从业人数、专利数—论文发表数—科技成果数综合、人均科技经费、人均教育支出的相关性。其中 U_3、U_6 项的回归系数超过 0.2，U_6（0.346）是所有文化创意产业指标中回归系数最大的，说明大专以上学历的人才对 E_1 作用非常显著，U_3（0.292）表明人均文化创意增加值对 E_1 作用显著。可以得出，E_1 与文化创意产业发展成正相关。

对 E_2 而言，U_1、U_2、U_5、U_7、U_8 回归系数没有通过显著性检验，这说明我国城市居民的经济状况并没有呈现与文化创意产业增加值、文化创意产业增加值占总增加值比重、文化体育娱乐业从业人数、专利数—论文发表数—科技成果数综合和人均科技经费之间相关性。U_4 回归系数是负数。U_6、U_9 项的回归系数均超过 0.2，U_9（0.546）、U_6（0.395）说明人才和教育对城市居民的经济具有非常显著作用。可以得出 E_2 与文化创意产业发展成正相关。

对 E_3 而言，U_1、U_2、U_4、U_5、U_7、U_8 的回归系数没有通过显著性检验，这说明目前这说明目前我国城市经济景气程度并没有呈现出与文化创意产业增加值、文化创意产业增加值占总增加值比重、艺术家与文化组织指数、文化体育娱乐业从业人数、专利数—论文发表数—科技成果数综合和人均科技经费的相关性。U_6（0.478）、U_9（0.306）、U_3（0.228）的回归系数均超过 0.2，可见大专以上学历的人才、人均教育支出、人均文化创意增加值对社会经济发展程度作用明显。可以得出 E_3 与文化创意产业发展成正相关。

综上所述，假设一被证实。目前对我国城市而言，城市文化创意产业发展在提升城市经济环境宜居性上具有显性作用。

2. 理论解释

经济发展水平在城市人居环境质量影响要素中具有核心地位。只有在稳定、持续和较快发展的经济大环境中,人们才可能考虑个人和家庭居住小环境的改善和提高,才可能为生存发展提供更好更想、充足的就业机会。从理论上看,文化创意产业对城市经济环境宜居性的作用是客观存在的,需要积极承认和加以重视。

首先,文化创意产业形成城市新的经济增长。被誉为"引擎产业"文化创意产业是从高新技术产业分离出来的高端现代服务业,具有创新性和高附加值的属性,不仅自身的财富积累迅速并且能够迅速带动相关环节成长为一条完整的产业链,有效地促进区域经济地发展。文化创意产业的发展表现出非常强的成长性、创新性和产业关联性,对经济增长有突破性的带动作用。此外,文化创意产业的发展还开辟了文化资源调动并整合经济资源的全新发展模式,集中了大量的智力资源与创新要素,成为城市发展高度依赖的内生增长路径的核心,也同时使其成为拉动城市经济增长的新引擎。其次,文化创意产业发展优化城市产业结构。文化创意产业发展通过"越界"促成不同行业、不同领域的重组与合作,与第一、第二、第三产业相互融合,为其他产业注入文化生机,完善产业链发展,实现产业的优化升级。同时文化创意产业是通过满足人的精神需求产生社会效益和经济效益,较少消耗自然资源,是一个低消耗高产出的环保型新兴绿色产业,其本身符合产业结构优化升级的目标,促进了城市环境的宜居性发展。再次,文化创意产业拉动城市就业。文化创意产业是一种知识密集型产业,它发展所依赖的最重要资源是从事精神资源积累和精神生产的人力资源,即创意人才。创意人才大多是高层次人才,文化创意产业的发展可以实现增加就业的目的,特别是解决我国大学生、研究生等知识型劳动者就业的重要途径。

(二) 文化创意产业与城市社会和谐度

1. 假设的检验结果分析

城市社会和谐度是城市社会宜居度的另一种表述。以衡量宜居城市社会和谐度 3 个指标 F_1, F_2, F_3 为因变量,衡量文化创意产业发展的 9 个指标为自变量的回归方程 F 值均通过显著性检验,说明三个回归方均有意义。

对 F_1 而言,U_1、U_2、U_4、U_5、U_8、U_9 回归系数未通过显著性检验,这说明目

前我国城市居民对政府的满意度并没有呈现出与文化创意产业增加值指数、文化创意产业增加值占总增加值比重、艺术家与文化组织指数、文化体育娱乐业从业人数指数、人均科技经费、人均教育支出的相关性。其中 U_3、U_6、U_7 项的回归系数均超过 0.2，U_7(0.520)是所有文化创意产业指标中回归系数最大，说明创新产出能力、知识产出水平、科研水平对市民对政府满意程度作用非常显著；U_3(0.382)表明人均文化创意增加值指数对 F_1 作用明显；U_6(0.239)，说明大专以上学历的人才对 F_1 具有促进作用。可以得出，F_1 与文化创意产业发展成正相关。

对 F_2 而言，U_1、U_2、U_5、U_7、U_8、U_9 回归系数未通过显著性检验，这说明目前我国城市居民对社会安全满意度并没有呈现出与文化创意产业增加值指数、文化创意产业增加值占总增加值比重、文化体育娱乐业从业人数指数、专利数—论文发表数—科技成果指数综合、人均科技经费、人均教育支出的相关性。其中 U_4 回归系数是负数，U_3(0.236)、U_6(0.218)项的回归系数均超过 0.2，由此可见人居文化创意增加值和大专以上学历的人才对 F2 作用明显。可以得出，F2 与文化创意产业发展正相关。

对 F_3 而言，U_2、U_4、U_6、U_7、U_8 回归系数未通过显著性检验，这说明目前我国城市社会保障体系完善程度并没有呈现出与文化创意产业增加值占总增加值比重、艺术家与文化组织指数、大专以上人口比重、专利数—论文发表数—科技成果数综合、人均科技经费的相关性。U_1 回归系数是负数，其中 U_3、U_5、U_9 项的回归系数均超过 0.2，U_3(0.974)是所有文化创意产业指标中回归系数最大，说明人均文化创意产业增加值对社会保障程度作用特别显著；U_9(0.452)表明人均教育支出对 F_1 作用明显；U_5(0.294)，说明文体娱从业人员对 F_1 具有促进作用。可以得出，F_3 与文化创意产业发展成正相关。

综上所述，假设二被证实。即目前对我国城市而言，城市文化创意产业发展在提升城市社会环境宜居性上具有正向作用。

2. 理论解释

城市是显示社会矛盾变化的晴雨表，是传播现代文明的窗口。社会和谐发展是城市各体系协调发展的关键。宜居的城市，应具有完善的教育和社会保障体系、文明的社会风气，人与人和谐相处。文化创意产业发展对提高城市社会环境宜居性具有促进作用。

首先,文化的发展和城市建设离不开挥政府的主导作用和市民的参与性。宜居城市旨在建立以人为本的和谐城市形态,单从社会角度,就是创建文明城市。中国城市文化创意产业发展在相当程度上离不开政府政策支持,政府推动不可缺少。在以政府主导作用下,文化事业的发展和文明城市的创建必然相辅相成,协同发展。政府通过文化组织机构的宣传和活动组织,吸引更多市民参与城市建设与管理,对城市的建设、管理与发展有知情权,让市民感受到自己是城市的主人,同时,市民作为行为主体,参与到城市发展的规划和设计中,也能够有利于宜居城市的建设。其次,文化创意产业的发展和繁荣有利于提高社会的稳定性。城市社会和谐、收入分配公平程度和就业机会充足、社会保障覆盖面广等是对社会稳定性的描述。文化创意产业将科技创新和文化创意的有机结合,实现了关联产业旳融合,为更多人提供了创业平台和就业机会,促进社会稳定。对医疗、养老等方面的生活保障及社会服务而言,文化产品不仅具有传播新的思想,并且有改变、重塑,甚至创造新的文化观念的功能,进而提高社会的发展速度和效率,有利于社会和谐发展。再次,文化的发展提高社会的包容性。宜居城市的社会应该包容。一个宜居城市是开放,不排斥外来的人和物,每个置身其中的个体都能感觉亲切、友好的氛围安全性是宜居城市社会的基本要求。文化创意产业发展要素之一的宽容度指数与宜居城市的要素不谋而合。理查德·佛罗里达在创意经济"3T"理论中最先指出城市宽容度指数在构建创意城市过程中发挥着举足轻重的作用。一个兼容并蓄、有容乃大的社会环境,为创意城市发展提供精神与智力支持,同时也为宜居城市发展的提供良好的发展空间。宽容决定了一个城市或地区和国家吸引人才的容量和能力,而宽容度与城市的人文环境密切相关。它影响城市形象的形成和发展,是城市文明的外观标志和内涵之一,也是宜居城市建设的重要影响因素。

(三) 文化创意产业与城市生活便适度

1. 假设的检验结果分析

宜居城市的生活环境通过城市生活便适度来衡量。以衡量宜居城市生活便适度 5 个指标 X_1,X_2,X_3,X_4,X_5 为因变量,以衡量文化创意产业发展的 9 个指标为自变量的回归方程 F 值均通过显著性检验,说明五个回归方均有意义。

对 X_1 而言,U_1、U_2、U_3、U_4、U_7、U_8 回归系数未通过显著性检验,这说明目

前我国城市居民医疗水平并没有呈现出与文化创意产业增加值指数、文化创意产业增加值占总增加值比重、人均文化创意产业增加值指数、艺术家与文化组织指数、专利数—论文发表数—科技成果数综合、人均科技经费的相关性。其中 U_5、U_6、U_9 项的回归系数均超过 0.2，U_5(0.527)是所有文化创意产业指标中回归系数最大，说明文体娱从业人员指数每万人拥有医生数作用非常显著；U_6(0.417)表明大专以上学历的人才对 X_1 作用明显；U_7(0.326)，说明创新产出能力、知识产出水平、科研水平对 F_1 具有促进作用。可以得出，X_1 与文化创意产业发展成正相关，并且教育、人才对城市的医疗保障的提高发挥着巨大作用。

对 X_2 而言，U_2、U_4、U_7、U_8 回归系数未通过显著性检验，这说明目前我国城市居民人均网络普及水平并没有呈现出与文化创意产业增加值占总增加值比重、艺术家与文化组织指数、专利数—论文发表数—科技成果数综合相关性。其中 U_1 回归系数是负数，U_3(0.408)、U_5(0.363)、U_9(0.300)项的回归系数均超过 0.2，说明人均文化创意产业增加值、文化体育娱乐业从业人数、人均教育支出与 X_2 作用明显。可以得出，X_2 与文化创意产业发展成正相关。

对 X_3 而言，U_2、U_7、U_8 回归系数未通过显著性检验，这说明目前我国城市人均生活的交通便利水平并没有呈现出与文化创意产业增加值占总增加值比重、专利数—论文发表数—科技成果数综合相关性。其中 U_1、U_4 回归系数是负数，U_3(0.395)、U_5(0.572)、U_6(0.324)、U_9(0.659)项的回归系数均超过 0.2，说明人均文化创意产业增加值、文化体育娱乐业从业人数、大专以上学历的人才、人均教育支出与 X_3 作用明显。可以得出，X_3 与文化创意产业发展成正相关。

对 X_4 而言，U_2、U_3、U_7、U_8 回归系数未通过显著性检验，这说明目前我国城市居民人均居住水平并没有呈现出与文化创意产业增加值占总增加值比重、人均文化创意产业增加值指数、专利数—论文发表数—科技成果数综合、人均科技经费相关性。其中 U_1 回归系数是负数，U_5(0.431)、U_6(0.528)、U_9(0.595)项的回归系数均超过 0.2，说明文化体育娱乐业从业人数、大专以上学历的人才、人均教育支出与 X_4 作用明显。可以得出，X_4 与文化创意产业发展成正相关。

对 X_5 而言，U_2、U_6、U_7、U_8 回归系数未通过显著性检验，这说明目前我国城市居民人均用水用电便捷水平并没有呈现出与文化创意产业增加值占总增加值比重、大专以上人口比重、专利数—论文发表数—科技成果指数综合、人均科技经费相关性。其中 U_1、U_4 回归系数是负数,U_3(0.838)、U_5(0.378)、U_9(0.341)项的回归系数均超过 0.2,说明人均文化创意产业增加值、文化体育娱乐业从业人数、专利数—论文发表数—科技成果数综合与 X_5 作用明显,其中 U_3 作用尤其显著。由此可以说明,X_5 与文化创意产业发展成正相关。

综上所述,假设三被证实。即目前对我国城市而言,城市文化创意产业发展在提升城市生活环境宜居性上具有显著的作用。

2. 理论解释

宜居城市应是一座便捷和舒适的城市。生活的便利与交通的便捷是反映城市文明和现代化的重要标志之一,在很大程度上决定了城市的宜居水平。购物、娱乐、教育和医疗等设施的密度、规模、类型、质量等能否满足居民的需求;道路的通畅与设施覆盖面的是否普及以及出行可选择的道路等级、数量都是城市便适度的具体体现。

教育机构是影响生活便适度的路径与方式之一。学校作为教育机构最重要的载体,其坐落区域往往会影响一个地区甚至一个城市的生活公共设施的配套完善程度和交通便捷度。同时城市的文化产品、文化活动、文化场所及城市居民日常行为,都会对交通提出需求,从而促进城市依赖交通形成的生活便利性。文化创意产业发展对城市社会秩序也会产生影响。文化场所、活动、物品及有特点的文化创意的存在,影响城市社会拥挤性。秩序分为两种:人际交往秩序和公共场所秩序。文化会通过影响不同社会阶层居民的彼此认知,从而导致人与人交往中表现出来的各种选择和机会的先后次序性及规则性。营建良好的城市基础设施环境即是实现城市便适性的重要环节。现代化的城市基础设施不仅包括完善的生产性基础设施,更包括完善的生活性基础设施,以及以网络数字化为标志的城市信息化基础设施,它是创造良好的宜居城市硬环境和软环境的基础。

(四) 文化创意产业与城市文化丰厚度

1. 假设的检验结果分析

宜居城市的文化环境通过城市文化丰厚度来衡量。以衡量宜居城市文化丰厚度 4 个指标 Y_1, Y_2, Y_3, Y_4 为因变量,衡量文化创意产业发展的 9 个指标为自变量的回归方程 F 值均通过显著性检验,说明四个回归方均有意义。

对 Y_1 而言,U_1、U_3、U_4、U_5、U_7、U_8、U_9 回归系数未通过显著性检验,这说明目前我国城市名胜古迹数量及级别水平并没有呈现出与文化创意产业增加值指数、人均文化创意产业增加值指数、艺术家与文化组织指数、文化体育娱乐业从业人数、专利数—论文发表数—科技成果数综合、人均科技经费、人均教育支出相关性。其中 $U_2(0.210)$、$U_6(0.309)$ 项的回归系数均超过 0.2,说明文化创意产业增加值占总增加值比重、大专以上人口比重指数与 Y_1 作用明显。由此可以说明,Y_1 与文化创意产业发展成正相关。

对 Y_2 而言,U_1、U_2、U_3、U_4、U_6、U_8、U_9 回归系数未通过显著性检验,这说明目前我国城市剧场、歌剧院个数水平并没有呈现出与文化创意产业增加值指数、文化创意产业增加值占总增加值比重、人均文化创意产业增加值指数、艺术家与文化组织指数、大专以上人口比重、人均科技经费、人均教育支出相关性。其中 $U_5(0.388)$、$U_7(0.517)$ 项的回归系数均超过 0.2,说明文化创意产业发展与大专以上人口比重指数、专利数—论文发表数—科技成果数综合作用明显,科研能力、创新能力、知识产出水平和 Y_2 作用尤其明显。由此可以说明,Y_2 与文化创意产业发展成正相关。

对 Y_3 而言,U_3、U_4、U_5、U_6 回归系数未通过显著性检验,这说明目前我国城市公共图书馆藏书水平并没有呈现出与人均文化创意产业增加值指数、艺术家与文化组织指数、文化体育娱乐业从业人数指数、大专以上人口比重相关性。其中 U_2、U_2 回归系数是负数,$U_1(0.340)$、$U_7(0.773)$ 项的回归系数均超过 0.2,说明文化创意产业文化创意产业增加值指数、专利数—论文发表数—科技成果数综合与 Y_3 作用明显,尤其是 U_7 代表科研能力、创新能力、知识产出水平和 Y_3 作用非常显著,由此可以说明,Y_3 与文化创意产业发展成正相关。

对 Y_4,U_1、U_3、U_9 回归系数未通过显著性检验,这说明目前我国城市高校数量水平并没有呈现出与文化创意产业增加值指数、人均文化创意产业增加值指数、艺术家与文化组织指数、人均教育支出相关性。其中 U_8 回归系数是负数,$U_5(0.498)$、$U_6(0.410)$、$U_7(0.565)$ 项的回归系数均超过 0.2,说明文化创意产业发展与文化体育娱乐业从业人数指数、大专以上人口比重指数、专利数—论文发表数—科技成果数综合作用明显,科研能力、创新能力、知识产出水平和 Y_2 作用很明显。由此可以说明,Y_4 与文化创意产业发展成正相关。

　　通过"逐步"方法得到的多元回归分析结果也显示,文化丰厚度的各个指标与文化创意产业之间存在显著的作用关系。详见表 4-5,表 4-6,表 4-7 和表 4-8。

表 4-5　系数[a]

模型		非标准化系数		标准系数	t	Sig.
		B	标准误差	试用版		
1	(常量)	0.138	0.025		5.421	0.000
	大专以上人口比重	0.786	0.109	0.542	7.209	0.000
2	(常量)	0.097	0.031		3.124	0.002
	大专以上人口比重	0.626	0.128	0.432	4.871	0.000
	文化创意产业增加值占总增加值比重	0.265	0.117	0.200	2.263	0.025

a. 因变量:名胜古迹指数

表 4-6　系数[a]

模型		非标准化系数		标准系数	t	Sig.
		B	标准误差	试用版		
1	(常量)	−0.020	0.007		−2.988	0.003
	专利数—论文发表数—科技成果数综合	0.724	0.039	0.856	18.478	0.000
2	(常量)	−0.007	0.007		−0.988	0.325
	专利数—论文发表数—科技成果数综合	0.422	0.066	0.499	6.369	0.000
	文化·体育·娱乐业从业人数	0.453	0.084	0.422	5.395	0.000

a. 因变量:剧场、歌剧院个数

表 4-7　系数[a]

模型		非标准化系数		标准系数	t	Sig.
		B	标准误差	试用版		
1	(常量)	−0.045	0.005		−9.341	0.000
	专利数—论文发表数—科技成果数综合	0.863	0.028	0.941	31.160	0.000
2	(常量)	−0.036	0.005		−6.548	0.000
	专利数—论文发表数—科技成果数综合	0.682	0.062	0.744	11.046	0.000
	文化创意产业增加值	0.168	0.052	0.219	3.248	0.001

（续表）

模型		非标准化系数		标准系数	t	Sig.
		B	标准误差	试用版		
3	（常量）	−0.023	0.008		−3.013	0.003
	专利数—论文发表数—科技成果数综合	0.671	0.061	0.731	11.019	0.000
	文化创意产业增加值	0.219	0.055	0.285	3.961	0.000
	文化创意产业增加值占总增加值比重	−0.058	0.025	−0.087	−2.341	0.021

a. 因变量：公共图书馆藏书总量

表 4-8　系数[a]

模型		非标准化系数		标准系数	t	Sig.
		B	标准误差	试用版		
1	（常量）	0.012	0.018		0.675	0.501
	专利数—论文发表数—科技成果数综合	1.264	0.104	0.736	12.145	0.000
2	（常量）	−0.012	0.019		−0.633	0.528
	专利数—论文发表数—科技成果数综合	0.746	0.178	0.434	4.185	0.000
	大专以上人口比重	0.500	0.143	0.364	3.508	0.001
3	（常量）	−0.015	0.017		−0.844	0.400
	专利数—论文发表数—科技成果数综合	1.047	0.181	0.610	5.798	0.000
	大专以上人口比重	0.649	0.138	0.472	4.714	0.000
	人均科技经费	−0.443	0.102	−0.360	−4.330	0.000
4	（常量）	0.000	0.019		−0.009	0.993
	专利数—论文发表数—科技成果数综合	0.705	0.243	0.410	2.901	0.004
	大专以上人口比重	0.630	0.136	0.459	4.628	0.000
	人均科技经费	−0.393	0.104	−0.319	−3.783	0.000
	文化·体育·娱乐从业人数	0.465	0.224	0.214	2.072	0.040
5	（常量）	0.079	0.035		2.267	0.025
	专利数—论文发表数—科技成果数综合	0.758	0.238	0.441	3.186	0.002

（续表）

模型		非标准化系数		标准系数	t	Sig.
		B	标准误差	试用版		
5	大专以上人口比重	0.585	0.134	0.425	4.363	0.000
	人均科技经费	−0.373	0.102	−0.303	−3.677	0.000
	文化·体育·娱乐从业人数	1.072	0.316	0.493	3.396	0.001
	艺术家与文件组织指数	−0.776	0.291	−0.323	−2.668	0.009

a. 因变量:高校数量

综上所述,假设四被证实。目前对我国城市而言,文化创意产业发展在提升城市文化人居环境质量上具有显著作用。

2. 理论解释

文化创意产业的发展是以文化为基础,以创意为核心生产要素的行业。每个城市有着自己的历史,独特的文化底蕴。沙里宁说过:"让我看看你的城市,我就知道你的人民在追求什么。"在不断发展的历史过程中形成的丰富多样的文化资源为文化产品、文化产业园区的建设以及促进某些特定文化创意产业的自发形成提供了各种潜在的可能性。良好的公共文化基础设施,如公共图书馆、影剧院等也是文化资源的重要组成部分。

城市文化创意产业在自我发展中丰富和深化了城市文化。城市文化是一座城市的记忆,是城市的"根"与"魂"。文化创意产业通过自我创造发展不断产生新文化,文化产业链连接了文化产品和服务的创造、生产、销售等整个过程,也不断渗透到城市的各行各业,形成新的文化气候,促进了城市文化的发展和凝聚力。文化创意产业的发展一定程度上承载了整个城市文化的运行和发展,为整个城市文化推广和传递建构了很好的平台。独具个性特色的城市因其凝聚着地域文化传统的精华而具有强劲的竞争力,其发展才会有动力和后劲,才有可能朝着宜居城市的方向发展。城市同时也是承载社会文化的建筑空间,它除了向人们展示城市文化的多元共生,存异求同、聚集交汇、辐射周边、个体中心,契约社会的基本特征之外,还承担着弘扬先进城市文化精神,推进和谐城市建设的重任。宜居城市的文化内涵必须关注城市公共基础设施的普及性及公共服务的优质化、城市环境的长期和谐性、城市弱势群体的生存和发展权利的保障性、城市居民的安居和谐以及城市技术创新的负外部效应。

城市文化创意产业发展是对城市文化的传承和创新。城市文化的继承和发扬，并非一味的因循守旧，而应在保护中创新，让文化更好地代代相承。城市文化的传承是传承文化的历史底蕴，延续人们的城市记忆；创新是焕发城市的活力，激发城市发展的动力。通过文化创意产业的发展，将文化丰厚的历史底蕴和创新机制相融合，以更符合社会文化发展和人们生产生活的方式体现出来，才能更好地传承。

（五）文化创意产业与城市自然宜人度

1. 假设的检验结果分析

宜居城市的自然环境通过城市自然宜人度来衡量。以衡量宜居城市自然宜人度两个指标 Z_1，Z_2 为因变量，以衡量文化创意产业发展的 9 个指标为自变量的回归方程 F 值均通过显著性检验，说明两个回归均有意义。

对 Z_1 而言，U_1、U_3、U_4、U_5、U_6、U_7、U_8、U_9 回归系数未通过显著性检验，说明我国城市自然环境的山水风光的优美度并没有呈现出文化创意产业增加值指数、人均文化创意产业增加值指数、艺术家与文化组织指数、文化体育娱乐业从业人数指数、大专以上人口比重、专利数—论文发表数—科技成果数综合、人均科技经费指数、人均教育支出相关性。其中 $U_2(0.369)$ 回归系数超过 0.2，说明文化创意产业增加值占总增加值比重与 Z_1 作用很明显。由此可以说明，Z_1 与文化创意产业发展成正相关。

对 Z_2 而言，U_1、U_3、U_4、U_5、U_6、U_7、U_8、U_9 回归系数未通过显著性检验，说明我国城市自然环境的气候环境舒适度并没有呈现出文化创意产业增加值指数、人均文化创意产业增加值指数、艺术家与文化组织指数、文化体育娱乐业从业人数指数、大专以上人口比重、专利数—论文发表数—科技成果数综合、人均科技经费、人均教育支出相关性。其中 $U_2(0.420)$ 回归系数超过 0.2，说明文化创意产业增加值占总增加值比重对 Z_1 作用较为明显。由此显示，Z_2 与文化创意产业发展成正相关。

通过"逐步"方法对变量再进行多元回归分析，得到的结果显示，文化创意产业增加值占总增加值的比重对自然宜人度的因子 Z_1 和 Z_2 都具有显著的影响。这是关系到城市的发展方式的因素，它反映着文化经济和文化产业在城市中的地位和导向性。人均文化创意产业增加值与山水优美度之间存在显著作用，标准化的回归系数为 0.276。人均科技经费的水平与城市的气候环境舒适度之间也存在着显著关联,它关系到城市的发展动力模式,依靠科技的经济增长方式无疑有助于城市维持和改善其自然环境的宜人度。详见表4-9和表4-10。

表4-9　系数[a]

模型		非标准化系数		标准系数	t	Sig.
		B	标准误差	试用版		
1	(常量)	0.247	0.030		8.312	0.000
	文化创意产业增加值占总增加值比重	0.577	0.095	0.477	6.073	0.000
2	(常量)	0.262	0.030		8.776	0.000
	文化创意产业增加值占总增加值比重	0.413	0.116	0.342	3.561	0.001
	人均文化创意产业增加值	0.394	0.166	0.228	2.375	0.019
3	(常量)	0.307	0.034		8.935	0.000
	文化创意产业增加值占总增加值比重	0.482	0.117	0.398	4.117	0.000
	人均文化创意产业增加值	0.477	0.166	0.276	2.876	0.005
	艺术家与文化组织指数	−0.486	0.196	−0.210	−2.477	0.015

a. 因变量:山水优美度

表4-10　系数[a]

模型		非标准化系数		标准系数	t	Sig.
		B	标准误差	试用版		
1	(常量)	0.345	0.028		12.300	0.000
	文化创意产业增加值占总增加值比重	0.571	0.090	0.496	6.379	0.000
2	(常量)	0.345	0.028		12.486	0.000
	文化创意产业增加值占总增加值比重	0.462	0.101	0.401	4.556	0.000
	人均科技经费	0.217	0.100	0.191	2.175	0.032
3	(常量)	0.399	0.031		12.736	0.000
	文化创意产业增加值占总增加值比重	0.529	0.100	0.459	5.298	0.000
	人均科技经费	0.352	0.105	0.311	3.364	0.001
	艺术家与文化组织指数	−0.634	0.195	−0.287	−3.259	0.001

a. 因变量:气候环境舒适度

综上所述,假设五被证实。目前对我国城市而言,城市文化创意产业发展在提升城市自然环境宜居性上具有显性作用。

2. 理论解释

环境是发展的基础,也是生产力。城市应该是人类聚居环境的升华,从古至今,城市规划者和建设者在对城市形态的设计上从来都没有遗忘过对城市优美环境的追求。宜居城市创造的是一种人与自然、社会和谐共生的城市环境,是政治、经济、社会、生态、科技、人文的空间优化组合,是最适宜人类居住的现代化城市。

具有文化价值和历史底蕴的自然景观往往是人与自然关系最直观的体现。同时,通过城市文化创意产业中的旅游文化、文化产品等形式可体现和保存城市优美环境。作为第三产业的文化创意产业增加值占 GDP 比重的与城市自然环境优美度呈现正相关。这是因为包括旅游发展、文化创意园区发展在内的文化创意产业,往往依托本地的文化资源和景观资源从而向各个方面和关联产业辐射,带动整个文创产业的发展。

文化创意产业发展与气候环境舒适度之间相互作用。首先,本地的气候和环境是形成当地文创产业发展的条件之一和重要资源。自然宜人的城市优先发展旅游业,是城市带动经济发展的天然优势,得天独厚的绿色 GDP。其次,资源消耗低、环境污染小。文化创意产业的发展主要依靠精神成果和智力投入,而不是物质形态的资源。因此,文化产品无论在生产还是消费过程中,都不会对生态环境造成明显的负面影响。

(六) 文化创意产业与城市绿色发展度

宜居城市的绿化环境通过城市绿化发展度来衡量。以衡量宜居城市绿化发展度 3 个指标 V_1,V_2,V_3 为因变量,以衡量文化创意产业发展的 9 个指标为自变量的回归方程,V_1 的 F 值通过显著性检验。由于以"进入"方法对绿色发展度的检验尚存在数据不能充分描述与解释的现象,因此通过"逐步"方法再进行多元回归分析,得到的结果是符合理论和实际支持的。详见表 4-11,表 4-12 和表 4-13。

表 4-11 系数[a]

模型		非标准化系数		标准系数	t	Sig.
		B	标准误差	试用版		
1	(常量)	0.853	0.016		54.036	0.000
	人均科技经费	0.202	0.071	0.247	2.847	0.005

a. 因变量:每亿元工业产值的工业二氧化硫排放量_已逆向转换

表 4-12 系数[a]

模型		非标准化系数		标准系数	t	Sig.
		B	标准误差	试用版		
1	(常量)	0.852	0.015		55.760	0.000
	大专以上人口比重	0.233	0.065	0.304	3.574	0.001

a. 因变量:每亿元工业产值的工业烟尘排放量_已逆向转换

表 4-13 系数[a]

模型		非标准化系数		标准系数	t	Sig.
		B	标准误差	试用版		
1	(常量)	0.875	0.017		51.519	0.000
	大专以上人口比重	0.168	0.073	0.203	2.312	0.022

a. 因变量:建成区绿化覆盖率

对 V_1 而言,人均科技经费是其显著的自变量,标准系数为 0.247。这反映出文化创意产业对绿色发展度的支撑中,依靠科技和创新的投入是一个重要支撑。我国和部分地区倡导的文化创新与科技创新的"双轮驱动",实质上是文化创意产业的主要支撑轮,而这也反映到城市的绿色发展方式中。

对 V_2、V_3 而言,大专以上人口比重都是具有显著性的影响因子。这显示城市的绿色发展与创意阶层的集聚有积极的正向关联。在文化创意产业的兴起下,城市得以超越资源驱动或资金驱动的发展阶段,而朝向以具有高等学历为人才资源代表的技术驱动或创新驱动型城市的转变,促进着城市向绿色生态文明的发展。

2. 理论解释

文化创意产业是典型的绿色经济、低碳经济,它不以资源的消耗、能源的耗费和生态的不可持续为代价,而是注重绿色环境、生态文明的新型发展方式。城市的绿色发展方式实际上有多种衡量指标,本章选取的三个未必能很完整地反映绿色发展度的全貌,但是多元回归分析显示的结果仍然是值得我们重视和思考的。文化创意产业作为绿色经济的代表之一,对城市的绿色发展度起到了显著的作用,而其中科技和创新的驱动力、人才和技术的新阶段都是其中的主要因子。对于城市人居环境建设来说,大力发挥和挖掘文化创意产业的绿色文明能量,依然是当前和今后的重要主题。

基于建构的分析框架,结合多元统计的回归分析,本章以对城市人居环境质量与文化创意产业发展相关性的分析为切入点,检验了提出的假设,证实了文化创意产业发展对城市人居环境质量的提升具有显性作用,解析了文化创意产业对宜居环境作用的现状。本研究不仅弥补了城市人居环境质量与文化创业产业相关关系研究缺乏的现状,而且克服了只对城市人居环境质量下的文化创意产业进行文化层面上单方面研究,而缺乏关于文化创意产业作用全面、多角度研究的不足。从总体上看,在城市人居环境质量的提升上,文化资本已经发挥了全面、多样的功能。无论文化环境、社会环境、经济环境、生活环境、自然环境还是绿化环境,其宜居水平都与文化产业发展状况相关,而且被证实在现实中与文化资本呈现了正相关的关系。

第五章　文化创意产业提升城市人居环境质量的结构方程模型分析

　　城市人居环境质量中,文化和创意是不可忽视的构成要素。对现代城市的发展而言,文化创意产业越来越得到重视和强调,许多城市把"创意城市"、文化创意产业之都作为自身的发展战略,谋求城市的转型与新的战略增长极。城市的人居环境质量建设也通过各种路径把文化纳入到其自身的内涵中,通过城市的"人居软环境"、"文化环境"、"文化丰厚度"、"人文舒适度"等的建设来推动人居环境质量的全面推进与优化。宁越敏、查志强将人居环境分为人居硬环境和人居软环境,其中硬环境包括居住条件、生态环境质量、基础设施和公共服务设施水平,软环境是指人居社会环境。① 对于人居环境中的文化部分,宁越敏、查志强指出,它包括丰富多彩的文体活动,文化娱乐设施,市民娱乐、游憩、社交、体育、艺术活动的效率等。② 李丽萍把文化丰厚程度作为宜居城市的主要评价指标之一,它包括城市历史文化遗产、现代文化设施、城市文化氛围等内容,"宜居城市的建设必须维护城市文脉的延续性,以传承历史,延续文明,兼收并蓄,融合现代文明,营造高品位的文化环境"③。刘中顼认为:"人居环境不仅包括硬环境,同时也包括了人们居住的软环境——城市社会的文化环境。从城市人居软环境来说,它广泛地包括一个城市的历史传统、社会风习、社会秩序、治安状况、文明卫生、和睦友好的人际关系和健康向上的城市精神等非物质的东西。"④就此而言,宜居城市不仅是身体的宜居,更是精神的宜居。张文忠对城市的人文舒适度加以重视,指出宜居城市是宜人的自然生态环境与和谐的社会、人文环境的完整的统一体,宜居城市应该具有良好的邻

---

① 宁越敏,查志强.大都市人居环境评价和优化研究——以上海市为例.城市规划[J].1999(6)15-20.

② 同上。

③ 李丽萍,郭宝华.关于宜居城市的理论探讨[J].城市发展研究,2006(2):76-80.

④ 刘中顼.城市文化建设与人居环境的提升[J].湖南文理学院学报(社会科学版),2009,34(1):80-82.

里关系、和谐的社区文化,并能够传承城市的历史和文化,同时具有鲜明的地方特色的城市。① 刘晨阳对城市人居环境建设中人文引导的必要性和策略加以分析,认为:"追求人居环境空间的人文品质,表明了城市生活从初级的物质满足正逐步向高层次的精神需求转化。"②建设部"宜居城市科学评价指标体系"中,纳入的文化包容性、文化遗产与保护、城市人文景观、教育文化体育设施、绿色开敞空间等指标,它们都反映出对城市宜居环境的文化向度的要求。

基于城市人居环境的文化向度,文化创意因素强势全面渗入的人居城市是城市发展的应由之义和必然诉求,对文化创意产业在城市人居环境质量中的地位和意义有必要加以重新审视和深入挖掘。借鉴相关研究成果,本书提出:现代城市人居环境质量建设中存在着日益显现的"创意人居城市"发展范式,文化创意产业发展对于城市人居环境质量发挥着重要的具有核心意义的提升作用,以"文化创意型"导向促进城市人居环境质量在经济、社会、生活、文化、自然、生态等多方面的改善。"创意人居城市"的明确和强调有其现实必要性和针对性,在文化创意产业强势崛起的背景下,文化创意产业在城市人居环境质量的构建中尽管已得到诸多关注,但是其驱动地位和重要的转向意义仍未得到充分挖掘与释放。因此,"创意人居城市"不仅仅要注意到城市人居环境中的文化创意要素,还要充分突出其重要性,而不只是作为局部性的或补充性、点缀性的部分;不是把文化创意产业作为人居环境中的一个片段或部分,而是充分强调它对于人居环境的整体性的渗透、联动、融合,以及其对于人居城市的有机化构成;不仅关注文化创意产业对城市人居环境的促进作用,更要充分重视文化创意产业对于人居城市的核心驱动效力和转向意味,将创意导向型的人居城市作为一种具有现实和未来意义的城市发展范式。

一、研究思路与研究假设

本书在分析文化创意产业和城市人居环境质量各自构成和评价方式的基础上,采用实证数据,对文化创意产业在城市人居环境质量中的作用进行考察。其主

---

① 张文忠."宜居北京"评价的实证[J].北京规划建设,2007(1):25-30.

② 刘晨阳,杨培峰.关于城市人居环境建设的人文思考[J].安徽建筑工业学院学报(自然科学版),2005(4):80-82.

要研究思路为:①在借鉴大量现有研究的基础上,并考虑到指标数据的可获得性和可操作性,分别确定对于城市人居环境质量、文化创意产业的评价方式和测量指标体系;②对我国的样本城市,基于官方或权威的数据来源,进行各指标的数据采集以及数据预处理;③基于结构方程模型(Structural Equation Modeling),提出理论假设和理论模型;④结合样本和指标数据,进行结构方程模型的检验、修正和分析。

　　城市人居环境质量的评测涉及各层面的内涵主旨以及综合性的多维向度。例如,浅见泰司在《居住环境评价方法与理论》一书中,在 WHO 健康的人居环境四个基本理念"安全性"、"保健性"、"便利性"、"舒适性"的基础上,引入可持续性。① 李王鸣等人建立的城市人居环境评价指标体系,以城市人居环境的住宅、邻里、社区绿化、社区空间、社区服务、风景名胜保护、生态环境、服务应急能力 8 个评价方面为基础而建立。② 张文忠的宜居城市评价体系,由安全性、健康性、方便性、便捷性、舒适性组成。③ 李雪铭等建立了由居住条件,基础设施,生态环境,公共服务,经济能力,文化教育 6 个指标层,33 项指标构成的城市人居环境可持续发展评价指标体系。④ 陈浮等人的城市人居环境满意度评价指标体系,评价居民对一切为居民使用、服务的各种设施和心理感受的总和,既包括住宅质量、基础设施、公共设施、交通状况等硬件设施,也包括住区和谐、安全和归属感、社会秩序等心理感受。⑤ 在《城市人居环境》中,李丽萍提出构成城市人居环境的自然生态系统、居住生活环境、基础设施环境、社会交往环境、可持续发展环境五个子系统⑥。对于城市的宜居性,李丽萍等人从经济发展度、社会和谐度、文化丰厚度、居住舒适度、景观怡人度、公共安全度来加以考察和评价。⑦ 周至田构建的"中国适宜人居城市评价总体指标框架",由经济发展水平、经济发展潜力、社会安全保障、城市环境水平、

①　浅见泰司. 居住环境评价方法与理论[M]. 北京:清华大学出版社,2006.

②　李王鸣,叶信岳. 城市人居环境评价——以杭州城市为例[J]. 经济地理,1999(4):38-42.

③　张文忠. 中国宜居城市研究报告[M]. 北京:社会科学文献出版社,2006.

④　李雪铭,杨俊,李静,等. 地理学视角的人居环境[M]. 北京:科学出版社,2010.

⑤　陈浮,陈海燕,朱振华,彭补拙. 城市人居环境与满意度评价研究[J]. 人文地理,2000(4):20-23.

⑥　李丽萍. 城市人居环境[M]. 北京:中国轻工业出版社,2001.

⑦　李丽萍,郭宝华. 关于宜居城市的理论探讨[J]. 城市发展研究,2006(2):76-80.

生活质量水平、生活便捷程度等一级指标构成。① 2007 年,建设部委托中国城市科学研究会等单位编制"宜居城市科学评价指标体系",其六个二级指标包括社会文明度、经济富裕度、环境优美度、资源承载度、生活便宜度、公共安全度,为我国宜居城市建设提供标准。② 在丰富的现有成果基础上,本文将城市人居环境质量分为经济富裕度、生活便适度、社会和谐度、文化丰厚度、绿色发展度、自然宜人度。

文化创意产业是以创作、创造、创新为根本手段,以文化内容和创意成果为核心价值,以知识产权实现或消费为交易特征,为社会公众提供文化体验的具有内在联系的行业集群。英国对创意产业的分类具有典型性和代表性,它包括了广告、建筑、艺术和古董市场、手工艺、(工业)设计、时装设计、电影、互动休闲软件、音乐、电视和广播、表演艺术、出版及软件等 13 个行业。对文化创意产业的发展有多种评价方式,例如理查德·佛罗里达基于"3T"理论的创意指数,基于"5C"模型的香港创意指数。孙磊提出了包括创造力、生产力、驱动力、影响力 4 大指标、12 个影响因素在内的 CPDE 评估体系。③ 彭翊提出的城市文化产业评价体系包括产业生产力、产业影响力、产业驱动力三方面,其次级指标包括文化资本、人力资源、创新环境等。④ 在这些理论基础上,本书对文化创意产业的量化测度主要从文化创意产业的生产能力、创意阶层、创新能力三方面进行。其中生产能力选取的指标为城市的人均文化创意产业增加值、文化创意产业增加值占总增加值比重;创意阶层意指文化创意产业的人才聚集和人力资源,本书中从艺术家与文化组织指数、大专以上人口比重进行反映;创新能力是关系到文化创意产业最为核心的内容创意、知识创新、技艺创新等方面的能力,本研究从人均科技经费、人均教育投入加以体现。

文化创意产业作为一种新兴的发展因子,不仅仅是城市的经济要素和产业形态,而且渗透和影响到社会各层面,推动城市在文化创意导向下的整体复兴与人居城市构建。具体而言,文化创意产业不单有助于城市的经济富裕程度提升,并且对

---

① 周志田,王海燕,杨多贵. 中国适宜人居城市研究与评价[J]. 中国人口. 资源与环境,2004(1):27-30.

② 新华网. 中国宜居城市科学评价标准. 正式出台(全文) [EB/OL]. [2015-12-20]. http://news.xinhuanet.com/politics/2007-05/30/content_6175236.htm.

③ 孙磊. 城市文化创意产业评估体系[D]. 武汉:中国地质大学,2010.

④ 彭翊. 中国城市文化产业发展评价体系研究[M]. 北京:中国人民大学出版社,2011:189-195.

城市的社会和谐度、文化丰厚度、绿色发展度、自然宜人度以及生活便适度等都产生着广泛和深入的积极作用,推动着城市的人居化。除了文化创意产业的催化、导向、转型等作用机理之外,城市人居环境内部的要素之间也可能存在着相互的作用。其中,城市及市民的富裕程度是一个基础性的向度,本书假设它对于城市的生活便适、文化建设、社会和谐、绿色发展、环境宜人程度有着正向作用。也即认为城市越富裕,越能增加居民的生活便适程度,并丰富文化建设,促进社会和谐,促进城市的绿色发展和自然环境的宜人化。生活便适度关系到居民的日常生活质量,本书假设它有助于提升社会和谐度。文化丰厚度关系到城市的文化环境、文化服务和文化氛围,本书假设它有助于提升社会和谐度;此外,文化资源的丰富也有助于城市走文化型、智力型的发展道路,因而本书假设文化丰厚度有助于提升城市的绿色发展度。绿色发展度有助于城市转变传统发展道路,改善生态环境,本书假设它有助于提升城市的自然宜人度。自然宜人度通过外在的自然宜居环境作用于城市主体,本书假设它有助于提升城市的社会和谐度。

综合上述基础,本书提出的研究假设为:文化创意产业的发展对城市人居环境质量的提升和改善有着正向作用;同时,在文化创意产业发展的背景下,城市人居环境内部的部分要素间也存在着正向的影响作用。从而形成文化创意产业介入其中并居于重要地位的城市人居环境质量的正向反馈和优化系统。假设如下所示:

H1:文化创意产业对城市人居环境中的经济富裕度有直接的正向影响;

H2:文化创意产业对城市人居环境中的生活便适度有直接的正向影响;

H3:文化创意产业对城市人居环境中的社会和谐度有直接的正向影响;

H4:文化创意产业对城市人居环境中的文化丰厚度有直接的正向影响;

H5:文化创意产业对城市人居环境中的绿色发展度有直接的正向影响;

H6:文化创意产业对城市人居环境中的自然宜人度有直接的正向影响;

H7:城市人居环境中的经济富裕度对生活便适度有直接的正向影响;

H8:城市人居环境中的经济富裕度对社会和谐度有直接的正向影响;

H9:城市人居环境中的经济富裕度对文化丰厚度有直接的正向影响;

H10:城市人居环境中的经济富裕度对绿色发展度有直接的正向影响;

H11:城市人居环境中的经济富裕度对自然宜人度有直接的正向影响;

H12:城市人居环境中的生活便适度对社会和谐度有直接的正向影响;

H13:城市人居环境中的文化丰厚度对社会和谐度有直接的正向影响；

H14:城市人居环境中的文化丰厚度对绿色发展度有直接的正向影响；

H15:城市人居环境中的绿色发展度对自然宜人度有直接的正向影响；

H16:城市人居环境中的自然宜人度对社会和谐度有直接的正向影响。

在上述假设中,文化创意产业和经济是具有中心意义的重要因子,绿色发展度关系到城市发展方式的转变,而文化创意产业对人居环境质量的提升也落实到生活便适、环境宜人、文化丰厚、社会和谐等与主体感受密切相关的因子。文化创意产业与城市人居环境质量的各项假设的作用关系,如图 5-1 所示。

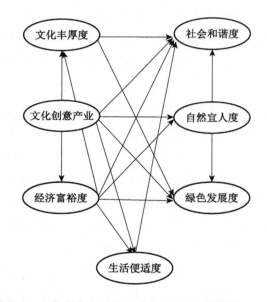

图 5-1　文化创意产业提升城市人居环境质量的结构图

二、指标选取与数据预处理

本书通过结构方程模型来检验与分析上述假设,并探究文化创意产业作用于城市人居环境质量的合理路径。假设中的各种因素是不能直接准确测量的潜变量,需要将其选择合理的测量指标后,进行进一步的结构方程模型分析。任何一个指标体系都不是完美的,我们选取测量指标要求尽可能地反映对象的内涵和实际,同时也满足研究的需要。所选取的指标,其内部应具有良好的信度和效度,同时也具有实用性、可获得性,避免"大而无当"或过于繁复、难以获得实际量化数值的指标。

在文化创意产业的测量方面,本书的研究将其分为文化创意产业的生产能力、文化创意产业的创意阶层、文化创意产业的创新能力三方面的二级指标,并且选择合适指标对二级指标形成反映。结合前文已有的指标,本文初步预选的衡量指标如下,其中:生产能力的衡量指标包括城市文化创意产业增加值、人均文化创意产业增加值、文化创意产业增加值占总增加值比重;创意阶层的衡量指标艺术家与文化组织指数,文化、体育、娱乐业从业人员数,以及大专以上人口比重;创新能力的衡量指标包括论文、专利、科技成果数量,人均科技经费,人均教育支出。

在城市人居环境质量的测量方面,本书初步选择的指标如下。经济富裕度反映该城市居民的收入、支出的富足程度,初选指标包括人均地区生产总值和职工平均工资情况,人均的社会消费品零售额,第三产业占 GDP 比重。生活便适度反映该城市居民的生活方便程度和舒适程度,涉及起居、住宿、日用、交通、通讯、医疗等与日常生活体验质量息息相关的指标,初选指标包括人均用水和用电量、互联网普及率、人均拥有医生数、人均城市实有道路面积、人均居住用地面积。社会和谐度反映该地区社会的安定、和谐、稳定程度,形成良好的社会建设,初选指标包括民众对政府满意度、民众对社会安全满意度、社会保障和失业保险的覆盖情况。文化丰厚度反映城市的文化资源和居民的文化生活丰富程度,初选指标包括城市的名胜古迹指数、公共图书馆藏书量的总量及人均量情况、剧场与歌剧院总量及人均量情况、高校数量。绿色发展度反映城市在生态文明、污染整治、绿色发展方面的转型和程度,初选的指标包括每亿元工业产值的工业二氧化硫排放量(逆向转换后)、每亿元工业产值的工业烟尘排放量(逆向转换后)、城市建成区绿化覆盖率。自然宜人度反映城市在自然环境方面的宜居、优美、宜人程度,指标为山水优美度、气候环境舒适度。部分指标了"条目打包"的方法,以更综合地反映对象的特征,减少指标的数量繁杂度,同时通过打包减少数据的偏态性和异常性。

指标的数据来源与前文是一致的,包含了 127 个我国各类、各级、各区域城市的数据。结构方程模型的分析中常用最大似然估计法(ML),而 ML 法需要变量符合多元正态分布。社会科学领域中常难以满足正态分布的需求,因此需要对数据进行正态化的转换。本书采用的样本数据,其偏度和峰度多数都不符合正态分布,甚至严重偏离正态分布。通过非参数检验方法,经单样本 K-S 检验,发现在 0.05 显著性水平上,其中符合正态分布的仅有第三产业占 GDP 的比重、每万人拥有的医生数、山水优美度、气候环境舒适度这几项指标。详见表 5-1。

表 5-1　单样本 Kolmogorov-Smirnov 检验

	N	正态参数[a, b]		最极端差别			Kolmogorov-Smirnov Z	渐近显著性(双侧)
		均值	标准差	绝对值	正	负		
第三产业占 GDP 的比重	127	0.3394173	0.19014445	0.086	0.086	−0.044	0.969	0.305
人均地区生产总值和职工平均工资的综合	127	0.2419667	0.19642280	0.127	0.124	−0.127	1.436	0.032
每万人社会消费品零售额	127	0.2256333	0.19290108	0.174	0.174	−0.128	1.963	0.001
民众对政府满意度	127	0.1949040	0.17977121	0.199	0.199	−0.153	2.238	0.000
民众对社会安全满意度	127	0.2617150	0.16031009	0.146	0.146	−0.097	1.642	0.009
社会保障覆盖率和失业保险参保率综合	127	0.1458586	0.18052529	0.233	0.233	−0.215	2.622	0.000
每万人拥有的医生数	127	0.2661225	0.17721787	0.099	0.099	−0.076	1.119	0.164
互联网用户普及率	127	0.4407569	0.22811212	0.112	0.112	−0.071	1.266	0.081
人均城市实有道路面积	127	0.1203506	0.12892062	0.175	0.174	−0.175	1.975	0.001
人均居住用地面积	127	0.1817254	0.18312012	0.161	0.147	−0.161	1.809	0.003
人均用水和用电量综合	127	0.1658714	0.19599248	0.223	0.223	−0.205	2.516	0.000
名胜古迹指数	127	0.2701136	0.23689618	0.176	0.176	−0.131	1.987	0.001
剧场、歌剧院数量情况	127	0.116021	0.1271879	0.187	0.184	−0.187	2.105	0.000
公共图书馆藏书量情况	127	0.090230	0.1518731	0.279	0.272	−0.279	3.146	0.000
高校数量	127	0.1585117	0.22465443	0.309	0.309	−0.248	3.488	0.000
山水优美度	127	0.3959272	0.21680251	0.069	0.069	−0.034	0.775	0.585
气候环境舒适度	127	0.4916705	0.20655673	0.051	0.051	−0.035	0.570	0.902

（续表）

	N	正态参数[a, b]		最极端差别			Kolmogorov-Smirnov Z	渐近显著性（双侧）
		均值	标准差	绝对值	正	负		
每亿元工业产值的工业二氧化硫排放量_已逆向转换	127	0.8786944	0.14915637	0.246	0.210	−0.246	2.777	0.000
每亿元工业产值的工业烟尘排放量（已逆向转换）	127	0.8912285	0.12530608	0.204	0.197	−0.204	2.301	0.000
建成区绿化覆盖率	127	0.9036229	0.13553826	0.252	0.239	−0.252	2.845	0.000
文化创意产业增加值	127	0.0691919	0.15607625	0.329	0.322	−0.329	3.705	0.000
文化创意增加值占总增加值比重	127	0.2572755	0.17927956	0.150	0.150	−0.076	1.690	0.007
人均文化创意产业增加值	127	0.0690575	0.12557513	0.295	0.295	−0.291	3.319	0.000
艺术家与文化组织指数	127	0.1392034	0.09340392	0.309	0.223	−0.309	3.487	0.000
文化·体育·娱乐业从业人数	127	0.0467485	0.10325522	0.325	0.249	−0.325	3.667	0.000
大专以上人口比重	127	0.1679771	0.16342175	0.170	0.170	−0.158	1.920	0.001
专利数—论文发表数—科技成果数综合	127	0.1157533	0.13079357	0.290	0.290	−0.282	3.272	0.000
人均科技经费	127	0.1287061	0.18242678	0.240	0.234	−0.240	2.707	0.000
人均教育支出	127	0.2580643	0.18071665	0.201	0.201	−0.146	2.270	0.000

a. 检验分布为正态分式。
b. 根据数据计算得到。

因此对所有指标的数据进行正态化的转换。转换方法是利用 SPSS 软件中的正态得分，计算各个指标数值的正态值，比例估计采用的是 Tukey 公式。转换后，各项指标的数据基本实现了正态分布。接下来的结构方程模型的拟合以及其他统计分析，都以正态化之后的数据展开。各指标数据正态化之后的偏度和峰度见表 5-2。

表 5-2　描述统计量

	N	偏度	峰度
	统计量	统计量	统计量
Normal Score of 第三产业占 GDP 的比重	127	0.000	−0.175
Normal Score of 人均地区生产总值和职工平均工资的综合	127	0.000	−0.176

（续表）

	N	偏度	峰度
	统计量	统计量	统计量
Normal Score of 每万人社会消费品零售额	127	0.000	−0.176
Normal Score of 民众对政府满意度	127	0.003	−0.181
Normal Score of 民众对社会安全满意度	127	0.000	−0.176
Normal Score of 社会保障覆盖率和失业保险参保率综合	127	0.000	−0.176
Normal Score of 每万人拥有的医生数	127	0.000	−0.176
Normal Score of 互联网用户普及率	127	−0.049	−0.290
Normal Score of 人均城市实有道路面积	127	0.000	−0.176
Normal Score of 人均居住用地面积	127	0.000	−0.176
Normal Score of 人均用水和用电量综合	127	0.000	−0.176
Normal Score of 名胜古迹指数	127	0.003	−0.181
Normal Score of 剧场、歌剧院数量情况	127	0.000	−0.176
Normal Score of 公共图书馆藏书量情况	127	0.000	−0.176
Normal Score of 高校数量	127	0.115	−0.288
Normal Score of 山水优美度	127	0.000	−0.175
Normal Score of 气候环境舒适度	127	0.000	−0.175
Normal Score of 每亿元工业产值的工业二氮化硫排放量_逆向转换后	127	0.000	−0.176
Normal Score of 每亿元工业产值的工业烟尘排放量_逆向转换后	127	0.000	−0.176
Normal Score of 建成区绿化覆盖率	127	0.099	−0.374
Normal Score of 文化创意产业增加值	127	0.023	−0.236
Normal Score of 文化创意产业增加值占总增加值比重	127	0.023	−0.236
Normal Score of 人均文化创意产业增加值	127	0.023	−0.236
Normal Score of 艺术家与文化组织指数	127	0.005	−0.178
Normal Score of 文化·体育·娱乐业从业人数	127	0.017	−0.212
Normal Score of 大专以上人口比重	127	0.004	−0.182
Normal Score of 专利数—论文发表数—科技成果数	127	0.000	−0.176
Normal Score of 人均科技经费	127	0.005	−0.181
Normal Score of 人均数教育支出	127	0.000	−0.176
有效的 N(列表状态)	127		

在上述基础上,对初选的指标结合理论内涵与指标本身的信度、效度,进行进一步的选取。就测量指标的数量,Hayduk(1996)指出,"对于大多数潜概念而言,一个潜概念能找到两个合适的测量标识就不错了,很少能有三个理想测量标识的

情况"。① 当一个多因子 CFA 模型包含太多测量标识时，Hayduk(1996)建议"首先要减少可能的测量标识数，侧重每个因子有两到三个最好的标识"。② 前文中对于文化创意产业和城市人居环境质量的指标，每一个潜变量有三至五个指标。在本部分结构方程模型分析中，对其进行进一步的精简，对每个潜变量选取二至三个具有很好的信度及效度的测量指标。

文化创意产业方面，城市的文化创意产业增加值由于与城市规模、产业规模关系较大，而未必与城市的文化创意产业发展水平与程度紧密相关，因此将这个指标删去；创意阶层中，艺术家与文化组织指数和文化、体育、娱乐业从业人员数有一定的重复，两者中保留涉及范围更广的前者，将后者删去；创新能力中，保留人均科技经费和人均教育支出。经 Pearson 相关系数分析，文化创意产业三方面的二级指标及其具体的次级指标具有内部相互之间的强相关性，Cronbach's α 信度系数值也达到 0.835，其中每一个指标的去除基本上都会降低整体 α 值。本书认为它们不适合拆分为三个不同的潜变量进行分析，将其整合到同一个高阶潜变量"文化创意产业发展"之中，把它们都作为这个高阶潜变量的衡量指标。事实上，即使取消生产能力、创意阶层、创新能力这些中间性的二级变量，而直接用六个具体指标作为"文化创意产业发展"潜变量的衡量指标，以考察"文化创意产业发展"与人居环境质量各因子的关系，在本书的课题研究目的及其设计中也是适用的。最终采用的文化创意产业潜变量及其指标如图 5-2 所示。

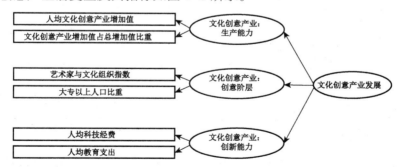

图 5-2　文化创意产业潜变量及其指标

①　王济川,王小倩,姜宝法.结构方程模型:方法与应用[M].北京:高等教育出版社,2011:37.

②　同上。

人居环境质量方面,经济富裕度中,第三产业占 GDP 比重尽管通常与城市的经济发展度有联系,但由于与居民的收入、消费等没有直接的关联,因此将其删去,而保留另两个与居民富足程度具有更直接关联的指标。生活便适度中,删去人均居住用地面积和人均城市实有道路面积,尽管它们关系到居住和出行的便适度,但是对于一些较为发达的大城市而言,用地紧张、道路拥挤带有自然区位、规划格局等"先天不足"的问题,在此方面与人口相对稀疏的中小城市难以相提并论,未必能很好地反映大城市和中小城市之间的生活质量差距,因此将其删去。社会和谐度中,社会保障与失业保险覆盖率虽然关系到社会稳定和社会的公平、均等,但是与城市的经济实力、财政保障力度关联很大,不如民众对政府满意度、民众对社会安全满意度这两个指标更有直接性和代表性。文化丰厚度中,名胜古迹指数反映城市的历史文化资源,公共图书馆和剧场、歌剧院是城市重要的文化服务场所和文化空间,将其保留;而高校尽管是一种重要的创意文化资源,但它除了文化层面的内涵之外,与城市的文化创意人力资源、创新能力也有较多交叉,因此将其去除。绿色发展度中,城市建成区绿化覆盖率尽管也反映城市的绿色理念和绿色发展方式,但是与城市环境与基础设施建设也有较多关系,而保留另两个指标已有较充分的反应力。最终采用的六个潜变量及其指标如图 5-3 所示。

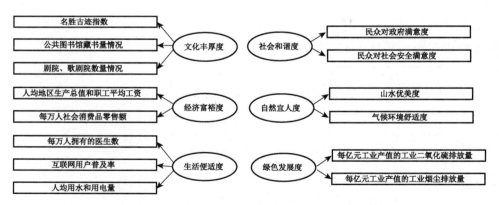

图 5-3 "创意人居城市"结构方程模型分析最终采用的六个潜变量及其指标

三、结构方程模型构建与拟合

将上述各个潜变量及其指标数据,根据本研究最初提出的假设,纳入整体的结构模型(文化创意产业提升城市人居环境质量的结构模型图 5-1)中进行拟合。其中,文化创意产业发展由二阶潜变量表示,它对城市人居环境质量的各因子都形成正向的影响作用。根据创意人居城市的初始假设,如图 5-4 所示。

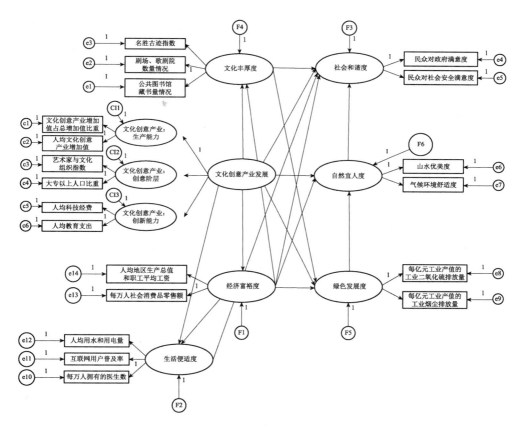

图 5-4　文化创意产业提升城市人居环境质量的结构模型

根据数据,对初始的假设进行结构方程模型的拟合,AMOS 的计算结果显示,RMSEA＝0.086,CFI＝0.926,NFI＝0.860,χ^2＝290.983,χ^2/df＝1.927。从路径系数及其显著性来看,多个路径关系没有显著性(表 5-3)。例如,经济富裕度对文化丰厚度的作用的回归系数,其 P 值高达 0.856,大大超出 0.05 的显著性水平。

表 5-3　回归系数

			Estimate	S. E.	C. R.	P	Label
经济富裕度	←	文化创意产业发展	1.305	0.123	10.583	* * *	par_14
文化丰厚度	←	文化创意产业发展	0.958	0.676	1.419	0.156	par_16
文化丰厚度	←	经济富裕度	0.090	0.496	0.182	0.856	par_22
绿色发展度	←	文化创意产业发展	2.632	1.752	1.503	0.133	par_18
绿色发展度	←	经济富裕度	−0.704	0.807	−0.872	0.383	par_20
绿色发展度	←	文化丰厚度	−1.038	1.034	−1.004	0.315	par_28
自然宜人度	←	文化创意产业发展	0.936	0.901	1.039	0.299	par_15
生活便适度	←	文化创意产业发展	−2.046	2.083	−0.982	0.326	par_19
自然宜人度	←	经济富裕度	−0.396	0.641	−0.617	0.537	par_21
生活便适度	←	经济富裕度	2.380	1.571	1.515	0.130	par_23
自然宜人度	←	绿色发展度	0.337	0.153	2.202	0.028	par_26
文化创意产业：生产能力	←	文化创意产业发展	1.000				
文化创意产业：创意阶层	←	文化创意产业发展	1.061	0.123	8.619	* * *	par_12
文化创意产业：创新能力	←	文化创意产业发展	0.895	0.126	7.113	* * *	par_13
社会和谐度	←	文化创意产业发展	0.219	1.110	0.197	0.844	par_17
社会和谐度	←	经济富裕度	0.870	1.246	0.698	0.485	par_24
社会和谐度	←	生活便适度	−0.923	0.870	−1.062	0.288	par_25
社会和谐度	←	自然宜人度	0.288	0.114	2.529	0.011	par_27
社会和谐度	←	文化丰厚度	0.389	0.457	0.851	0.395	par_29
公共图书馆藏书量情况	←	文化丰厚度	1.000				
剧场歌剧院数量情况	←	文化丰厚度	0.703	0.104	6.727	* * *	par_1
名胜古迹指数	←	文化丰厚度	0.683	0.109	6.278	* * *	par_2
民众对政府满意度	←	社会和谐度	1.000				
民众对社会安全满意度	←	社会和谐度	1.052	0.086	12.170	* * *	par_3
山水优美度	←	自然宜人度	1.000				

（续表）

			Estimate	S. E.	C. R.	P	Label
气候环境舒适度	←	自然宜人度	1.186	0.121	9.829	* * *	par_4
每亿元工业产值的工业二氧化硫排放量	←	绿色发展度	1.000				
每亿元产值工业的工业烟尘排放量	←	绿色发展度	1.415	0.204	6.954	* * *	par_5
每万人拥有的医生数	←	生活便适度	1.000				
互联网普及率	←	生活便适度	1.022	0.093	11.042	* * *	par_6
人均用水和用电量	←	生活便适度	1.019	0.094	10.822	* * *	par_7
人均文化创意产业增加值	←	文化创意产业：生产能力	1.000				
文化创意产业增加值占总增加值比重	←	文化创意产业：生产能力	0.703	0.090	7.779	* * *	par_8
大专以上人口比重	←	文化创意产业：创意阶层	1.000				
艺术家与文化组织指数	←	文化创意产业：创意阶层	0.621	0.104	5.941	* * *	par_9
人均教育支出	←	文化创意产业：创新能力	1.000				
人均科技经费	←	文化创意产业：创新能力	1.212	0.137	8.866	* * *	par_10
每万人社会消费品零售额	←	经济富裕度	1.000				
人均地区生产总值和职工平均工资	←	经济富裕度	0.926	0.051	18.060	* * *	par_11

　　因此,对模型进行修正,在围绕研究基本假设和主题的基础上,逐步删除明显缺乏显著性的因子间的作用关系。首先,删除 P 值最高、回归系数显著性最低的一条路径,也即经济富裕度对文化丰厚度的作用。从理论上看,城市经济的富裕并不

意味着文化丰厚程度的必然提升,公共图书馆、剧场等文化设施的建设及其内容、藏书量的充实,需要城市对于文化的重视、在文化的积淀,而名胜古迹等关系到城市历史文化底蕴,更不是短期的经济富足所能填补。删除之后,RMSEA=0.085,CFI=0.926,NFI=0.860,$\chi^2/df=1.915$,各项评估参数差别不大。在本次删改后的拟合中,仍然有多条回归系数的 P 值大于 0.05,对其继续进行删除。

本次模型的调整,将经济富裕度对自然宜人度的作用路径删除,其 P 值为0.541,大大高于 0.05 的显著性水平。在缺乏显著性的路径中,仅仅低于文化创意产业对社会和谐度的 P 值,而高于其他所有路径。由于文化创意产业的作用是本文关于创意人居城市的核心假设因此暂予以保留,而删除经济富裕度对自然宜人度的这条路径。从理论上来说,这种删除也是可行的,因为对于许多粗放型、工业型、资源型的城市而言,特别是现阶段的我国城市而言,经济的富裕和自然环境的宜人并非正相关的。相反,还存在着以破坏生态和自然环境的发展模式。本次修改之后,RMSEA=0.085,CFI=0.927,NFI=0.860。同时,仍存在多条缺乏显著性的路径,继续进行删改。

第三次的修改,删除了经济富裕度对社会和谐度的作用路径,其 P 值高达0.453,缺乏显著性。从理论上说,社会和谐度关系到社会的治理、社会的建设与发展,关系到政府的管理模式以及社会的和谐程度,它不是靠经济发展所能解决的;也存在着许多城市尽管经济发达,却存在着社会分化过大、社会矛盾重生、社会缺乏安全与和谐等问题。删除之后,RMSEA 微降到 0.084,CFI=0.927,NFI=0.859。在各作用路径中,仍然存在着多条缺乏显著性的路径,例如文化丰厚度对社会和谐度的 P 值高达 0.393,生活便适度对社会和谐度的 P 值也高达 0.332。详见表 5-4。

表 5-4　回归系数:(Group number 1-Default model)

			Estimate	S. E.	C. R.	P	Label
经济富裕度	←	文化创意产业发展	1.306	0.123	10.636	* * *	par_14
文化丰厚度	←	文化创意产业发展	1.082	0.124	8.740	* * *	par_16
绿色发展度	←	文化创意产业发展	2.964	1.582	1.874	0.061	par_18
绿色发展度	←	经济富裕度	−0.905	0.676	−1.339	0.181	par_20
绿色发展度	←	文化丰厚度	−1.089	1.042	−1.045	0.296	par_25

（续表）

			Estimate	S. E.	C. R.	P	Label
自然宜人度	←	文化创意产业发展	0.385	0.132	2.916	0.004	par_15
生活便适度	←	文化创意产业发展	−2.181	2.296	−0.950	0.342	par_19
生活便适度	←	经济富裕度	2.489	1.736	1.433	0.152	par_21
自然宜人度	←	绿色发展度	0.380	0.135	2.813	0.005	par_23
文化创意产业：生产能力	←	文化创意产业发展	1.000				
文化创意产业：创意阶层	←	文化创意产业发展	1.063	0.123	8.621	＊＊＊	par_12
文化创意产业：创新能力	←	文化创意产业发展	0.899	0.126	7.157	＊＊＊	par_13
社会和谐度	←	文化创意产业发展	0.842	0.627	1.342	0.180	par_17
社会和谐度	←	生活便适度	−0.417	0.430	−0.970	0.332	par_22
社会和谐度	←	自然宜人度	0.326	0.090	3.611	＊＊＊	par_24
社会和谐度	←	文化丰厚度	0.346	0.405	0.855	0.393	par_26
公共图书馆藏书量情况	←	文化丰厚度	1.000				
剧场歌剧院数量情况	←	文化丰厚度	0.705	0.104	6.793	＊＊＊	par_1
名胜古迹指数	←	文化丰厚度	0.679	0.108	6.254	＊＊＊	par_2
民众对政府满意度	←	社会和谐度	1.000				
民众对社会安全满意度	←	社会和谐度	1.050	0.086	12.162	＊＊＊	par_3
山水优美度	←	自然宜人度	1.000				
气候环境舒适度	←	自然宜人度	1.179	0.120	9.848	＊＊＊	par_4
每亿元工业产值的工业二氧化硫排放量	←	绿色发展度	1.000				
每亿元工业产值的工业烟尘排放量	←	绿色发展度	1.399	0.197	7.085	＊＊＊	par_5
每万人拥有的医生数	←	生活便适度	1.000				

（续表）

			Estimate	S. E.	C. R.	P	Label
互联网普及率	←	生活便适度	1.017	0.092	11.102	* * *	par_6
人均用水和用电量	←	生活便适度	1.012	0.094	10.804	* * *	par_7
人均文化创意产业增加值		文化创意产业：生产能力	1.000				
文化创意产业增加值占总增加值比重	←	文化创意产业：生产能力	0.698	0.090	7.763	* * *	par_8
大专以上人口比重		文化创意产业：创意阶层	1.000				
艺术家与文化组织指数	←	文化创意产业：创意阶层	0.620	0.105	5.929	* * *	par_9
人均教育支出		文化创意产业：创新能力	1.000				
人均科技经费	←	文化创意产业：创新能力	1.209	0.136	8.895	* * *	par_10
每万人社会消费品零售额		经济富裕度	1.000				
人均地区生产总值和职工平均工资	←	经济富裕度	0.927	0.051	18.009	* * *	par_11

根据回归系数及其显著性，将文化丰厚度对社会和谐度的作用路径删除。从理论上来说，这意味着，文化的丰厚并不一定可以增进社会和谐向度的城市人居环境，后者需要更为充分的支撑。删除之后，RMSEA＝0.084，CFI＝0.927，NFI＝0.859。剩余的路径中，仍有多项的 P 值大于 0.05，见表 5-5。

表 5-5　回归系数：(Group number 1-Default model)

			Estimate	S. E.	C. R.	P	Label
绿色发展度	←	文化创意产业发展	2.750	1.457	1.887	0.059	par_18
绿色发展度	←	经济富裕度	−0.737	0.552	−1.336	0.181	par_20
绿色发展度	←	文化丰厚度	−1.094	1.078	−1.014	0.310	par_25
生活便适度	←	文化创意产业发展	−2.378	2.636	−0.902	0.367	par_19
生活便适度	←	经济富裕度	2.636	1.991	1.324	0.186	par_21
社会和谐度	←	生活便适度	−0.392	0.426	−0.920	0.358	par_22

　　再对模型进行修正,删除生活便适度对社会和谐度的作用路径,其 P 值为 0.358。尽管 P 值最高的路径是文化创意产业发展对生活便适度的作用,但是由于它和本书最核心的理论假设相关,且其 P 值和生活便适度对社会和谐度的 P 值差距很微小,因此在本步的修改中暂予以保留。本次的模型修改后,剩余的回归系数路径中,P 值大于 0.05 的减少到 5 项,见表 5-6。

表 5-6　回归系数:(Group number 1-Default model)

			Estimate	S. E.	C. R.	P	Label
绿色发展度	←	文化创意产业发展	2.895	1.610	1.799	0.072	par_18
绿色发展度	←	经济富裕度	−0.743	0.581	−1.279	0.201	par_20
绿色发展度	←	文化丰厚度	−1.220	1.216	−1.003	0.316	par_24
生活便适度	←	文化创意产业发展	−1.863	1.661	−1.121	0.262	par_19
生活便适度	←	经济富裕度	2.251	1.266	1.779	0.075	par_21

　　在此基础上,对模型继续删改,删除 P 值最高的路径,也即文化丰厚度对绿色发展度的作用。从理论上来说,文化资源的丰厚只是一种资源,还未将其转化为城市发展的一种发展驱动力和发展方式的转变因素。因此,文化丰厚度对绿色发展度的作用,其缺乏显著性也是可理解的。

　　本次删除后,剩下的路径中,文化创意产业发展对生活便适度的作用,其 P 值仍然高居首位,居高不下,显示这种作用缺乏显著性。从理论上来说,"创意城市"的诸多理论提出城市的"不稳定"性对于创意城市和创意阶层的促动作用。便适、安逸的生活质量与创意发展并无足够的内在关联。因此,基于数据和理论的双重考虑,将这条路径删去。其后,根据模型的计算结果,只剩下两条路径的 P 值仍大于 0.05,其中经济富裕度对绿色发展度的作用,其 P 值最高,甚至高达 0.898。本次拟合后的回归系数及其显著性见表 5-7。

表 5-7　回归系数:(Group number 1-Default model)

			Estimate	S. E.	C. R.	P	Label
经济富裕度	←	文化创意产业发展	1.298	0.126	10.282	* * *	par_14
绿色发展度	←	文化创意产业发展	0.491	0.654	0.751	0.453	par_18
绿色发展度	←	经济富裕度	0.061	0.476	0.128	0.898	par_19

（续表）

		Estimate	S. E.	C. R.	P	Label
自然宜人度	← 文化创意产业发展	0.377	0.130	2.914	0.004	par_15
自然宜人度	← 绿色发展度	0.404	0.130	3.100	0.002	par_21
文化创意产业：生产能力	← 文化创意产业发展	1.000				
文化创意产业：创意阶层	← 文化创意产业发展	1.073	0.126	8.490	* * *	par_12
文化创意产业：创新能力	← 文化创意产业发展	0.923	0.128	7.238	* * *	par_13
文化丰厚度	← 文化创意产业发展	1.096	0.127	8.630	* * *	par_16
社会和谐度	← 文化创意产业发展	0.757	0.120	6.324	* * *	par_17
生活便适度	← 经济富裕度	0.821	0.062	13.236	* * *	par_20
社会和谐度	← 自然宜人度	0.342	0.084	4.084	* * *	par_22
公共图书馆藏书量情况	← 文化丰厚度	1.000				
剧场歌剧院数量情况	← 文化丰厚度	0.700	0.103	6.774	* * *	par_1
名胜古迹指数	← 文化丰厚度	0.666	0.110	6.079	* * *	par_2
民众对政府满意度	← 社会和谐度	1.000				
民众对社会安全满意度	← 社会和谐度	1.046	0.085	12.347	* * *	par_3
山水优美度	← 自然宜人度	1.000				
气候环境舒适度	← 自然宜人度	1.178	0.118	10.009	* * *	par_4
每亿元工业产值的工业二氧化硫排放量	← 绿色发展度	1.000				
每亿元工业产值的工业烟尘排放量	← 绿色发展度	1.390	0.207	6.709	* * *	par_5
每万人拥有的医生数	← 生活便适度	1.000				
互联网普及率	← 生活便适度	1.048	0.096	10.963	* * *	par_6
人均用水和用电量	← 生活便适度	1.046	0.097	10.736	* * *	par_7
人均文化创意产业增加值	← 文化创意产业：生产能力	1.000				

（续表）

		Estimate	S. E.	C. R.	P	Label
文化创意产业增加值占总增加值比重	← 文化创意产业:生产能力	0.696	0.091	7.617	＊＊＊	par_8
大专以上人口比重	← 文化创意产业:创意阶层	1.000				
艺术家与文化组织指数	← 文化创意产业:创意阶层	0.612	0.105	5.837	＊＊＊	par_9
人均教育支出	← 文化创意产业:创新能力	1.000				
人均科技经费	← 文化创意产业:创新能力	1.198	0.133	9.008	＊＊＊	par_10
每万人社会消费品零售额	← 经济富裕度	1.000				
人均地区生产总值和职工平均工资	← 经济富裕度	0.928	0.051	18.225	＊＊＊	par_11

根据模型拟合数据,经济富裕度对绿色发展度的作用没有显著性。从理论上来说,经济的富裕是由多种发展方式所推动的,例如有资源消耗型、粗放发展型,也有劳动密集型、知识驱动型等。因此在缺乏中间的发展方式的因素下,确实难以断言经济富裕度有助于城市的绿色发展度。将这条路径删除后,剩下的各条路径,均已符合显著性水平的要求,且全部低于 0.01 的 P 值水平。详见表 5-8。

表 5-8　回归系数:(Group number 1-Default model)

		Estimate	S. E.	C. R.	P	Label
绿色发展度	← 文化创意产业发展	0.574	0.117	4.926	＊＊＊	par_18
经济富裕度	← 文化创意产业发展	1.297	0.126	10.315	＊＊＊	par_14
自然宜人度	← 文化创意产业发展	0.377	0.129	2.909	0.004	par_15
自然宜人度	← 绿色发展度	0.404	0.130	3.093	0.002	par_20
文化创意产业:生产能力	← 文化创意产业发展	1.000				
文化创意产业:创意阶层	← 文化创意产业发展	1.071	0.126	8.524	＊＊＊	par_12
文化创意产业:创新能力	← 文化创意产业发展	0.922	0.126	7.285	＊＊＊	par_13

（续表）

			Estimate	S. E.	C. R.	P	Label
文化丰厚度	←	文化创意产业发展	1.095	0.126	8.691	＊＊＊	par_16
社会和谐度	←	文化创意产业发展	0.757	0.120	6.328	＊＊＊	par_17
生活便适度	←	经济富裕度	0.821	0.062	13.248	＊＊＊	par_19
社会和谐度	←	自然宜人度	0.342	0.084	4.082	＊＊＊	par_21
公共图书馆藏书量情况	←	文化丰厚度	1.000				
剧场歌剧院数量情况	←	文化丰厚度	0.699	0.103	6.775	＊＊＊	par_1
名胜古迹指数	←	文化丰厚度	0.665	0.109	6.078	＊＊＊	par_2
民众对政府满意度	←	社会和谐度	1.000				
民众对社会安全满意度	←	社会和谐度	1.046	0.085	12.362	＊＊＊	par_3
山水优美度	←	自然宜人度	1.000				
气候环境舒适度	←	自然宜人度	1.178	0.118	10.002	＊＊＊	par_4
每亿元工业产值的工业二氧化硫排放量	←	绿色发展度	1.000				
每亿元工业产值的工业烟尘排放量	←	绿色发展度	1.387	0.204	6.796	＊＊＊	par_5
每万人拥有的医生数	←	生活便适度	1.000				
互联网普及率	←	生活便适度	1.048	0.096	10.964	＊＊＊	par_6
人均用水和用电量	←	生活便适度	1.046	0.097	10.738	＊＊＊	par_7
人均文化创意产业增加值	←	文化创意产业:生产能力	1.000				
文化创意产业增加值占总增加值比重	←	文化创意产业:生产能力	0.696	0.091	7.628	＊＊＊	par_8
大专以上人口比重	←	文化创意产业:创意阶层	1.000				

（续表）

			Estimate	S. E.	C. R.	P	Label
艺术家与文化组织指数	←	文化创意产业：创意阶层	0.613	0.105	5.839	＊＊＊	par_9
人均教育支出	←	文化创意产业：创新能力	1.000				
人均科技经费	←	文化创意产业：创新能力	1.199	0.133	9.011	＊＊＊	par_10
每万人社会消费品零售额	←	经济富裕度	1.000				
人均地区生产总值和职工平均工资	←	经济富裕度	0.929	0.051	18.277	＊＊＊	par_11

模型的各项评估指标见表 5-9。

表 5-9　模型拟合度指标

CMIN

Model	PAR	CMIN	DF	P	CMIN/DF
Default model	51	306.176	159	0.000	1.926
Saturated model	210	0.000	0		
Independence model	20	2 077.802	190	0.000	10.936

RMR，GFI

Model	RMR	GFI	AGFI	PGFI
Default model	0.068	0.807	0.745	0.611
Saturated model	0.000	1.000		
Independence model	0.451	0.180	0.093	0.162

Baseline Comparisons

Model	FI Delta1	RFI rho1	IFI Delta2	TLI rho2	CFI
Default model	0.853	0.824	0.923	0.907	0.922
Saturated model	1.000		1.000		1.000
Independence model	0.000	0.000	0.000	0.000	0.000

Parsimony-Adjusted Measures

Model	PRATIO	PNFI	PCFI
Default model	0.837	0.714	0.772
Saturated model	0.000	0.000	0.000
Independence model	1.000	0.000	0.000

CP

Model	CP	LO 90	HI 90
Default model	147.176	101.504	200.651
Saturated model	0.000	0.000	0.000
Independence model	1 887.802	1 744.963	2 038.034

FMIN

Model	FMIN	F0	LO 90	HI 90
Default model	2.430	1.168	0.806	1.592
Saturated model	0.000	0.000	0.000	0.000
Independence model	16.490	14.983	13.849	16.175

RMSEA

Model	RMSEA	LO 90	HI 90	PCLOSE
Defaultmodel	0.086	0.071	0.100	0.000
Independence model	0.281	0.270	0.292	0.000

AIC

Model	AIC	BCC	BIC	CAIC
Default model	408.176	428.576	553.229	604.229
Saturated model	420.000	504.000	1 017.279	1 227.279
Independence model	2 117.802	2 125.802	2 174.686	2 194.686

在此基础上,对模型进行微调,使之具有更好的拟合度。根据 modification indices 的修正指数值,人均教育支出的误差项(c6)与人均地区生产总值和职工平均工资的误差项(e14)之间存在较强的共变性,其 M. I. 值高达 23.578,为各项修正指数中的最高值。详见表 5-10。

表 5-10 修正指数

			M. I.	Par Change
CI1	↔	F5	11.554	0.125
CI1	↔	F6	6.854	0.111
e14	↔	F5	4.491	−0.053
e14	↔	CI3	15.185	0.080
e13	↔	F5	8.280	0.054
e13	↔	CI3	4.011	−0.031
c6	↔	F5	8.448	−0.110
c6	↔	e14	23.578	0.149
c6	↔	e13	10.188	−0.074
c1	↔	F1	4.253	−0.055
c1	↔	F6	10.963	0.140
c1	↔	CI2	8.922	0.119
c1	↔	e14	8.046	−0.084
c1	↔	c3	6.826	0.137
c2	↔	CI2	8.204	−0.093
c2	↔	e14	6.123	0.060
c2	↔	c3	7.278	−0.116
e12	↔	F6	4.128	−0.070
e12	↔	e14	5.579	0.057
e12	↔	c3	6.347	−0.109
e12	↔	c1	5.248	−0.082
e10	↔	F5	10.645	−0.106
e10	↔	F1	6.852	0.061
e10	↔	F3	5.989	−0.077
e10	↔	e13	10.732	0.064
e9	↔	CI3	5.129	−0.060
e9	↔	e10	8.505	−0.099
e8	↔	c5	4.688	0.081
e8	↔	c4	4.791	−0.087

（续表）

			M. I.	Par Change
e4	↔	CI2	4.046	0.067
e4	↔	c4	4.557	0.070
e4	↔	e10	5.607	−0.076
e4	↔	e9	7.321	0.086
e3	↔	c3	6.637	0.163
e2	↔	F6	4.798	−0.109
e2	↔	c6	5.498	0.124
e1	↔	c1	5.180	−0.089

  从理论上来说，经济上的人均生产总值和工资收入水平确实和人均的教育支出之间，有可理解的正向影响，不违反基本的理论假设，因此在这两者的误差项之间建立相关路径。修正后，模型的各项评估指标值都有较大改善，显示本次修正是符合实际需要和有意义的。例如，RMSEA 降到 0.78，CFI 提升到 0.936，NFI 提升到 0.865，AIC 也降低到 383.659。在此基础上，对于 M. I. 修正指数值较大且符合理论解释的，继续进行修正，再增加了 e13 和 e10 之间、c1 和 e1 之间的关联。经过简单修正后，模型已展现出较好的拟合度，RMSEA 降低到 0.72，CFI 提升到 0.946，NFI 提升到 0.876，AIC 降低到 365.482，各路径回归系数的 P 值均大大低于 0.01，路径的标准化回归系数均小于 1。最终的模型及其标准化系数如图 5-5 所示。

  路径回归系数及其 P 值均符合显著性水平的要求，见表 5-11。

表 5-11 回归系数：(Group number 1-Default model)

			Estimate	S. E.	C. R.	P	Label
绿色发展度	←	文化创意产业发展	0.590	0.118	4.989	* * *	par_18
经济富裕度	←	文化创意产业发展	1.293	0.125	10.313	* * *	par_14
自然宜人度	←	文化创意产业发展	0.414	0.134	3.089	0.002	par_15
自然宜人度	←	绿色发展度	0.367	0.132	2.777	0.005	par_20
文化创意产业：生产能力	←	文化创意产业发展	1.000				
文化创意产业：创意阶层	←	文化创意产业发展	1.083	0.126	8.630	* * *	par_12

（续表）

			Estimate	S. E.	C. R.	P	Label
文化创意产业：创新能力	←	文化创意产业发展	0.883	0.125	7.082	＊＊＊	par_13
文化丰厚度	←	文化创意产业发展	1.090	0.126	8.663	＊＊＊	par_16
社会和谐度	←	文化创意产业发展	0.791	0.122	6.466	＊＊＊	par_17
生活便适度	←	经济富裕度	0.856	0.060	14.204	＊＊＊	par_19
社会和谐度	←	自然宜人度	0.313	0.084	3.710	＊＊＊	par_21
公共图书馆藏书量情况	←	文化丰厚度	1.000				
剧场歌剧院数量情况	←	文化丰厚度	0.690	0.103	6.731	＊＊＊	par_1
名胜古迹指数	←	文化丰厚度	0.664	0.110	6.064	＊＊＊	par_2
民众对政府满意度	←	社会和谐度	1.000				
民众对社会安全满意度	←	社会和谐度	1.036	0.083	12.458	＊＊＊	par_3
山水优美度	←	自然宜人度	1.000				
气候环境舒适度	←	自然宜人度	1.180	0.119	9.877	＊＊＊	par_4
每亿元工业产值的工业二氧化硫排放量	←	绿色发展度	1.000				
每亿元工业产值的工业烟尘排放量	←	绿色发展度	1.409	0.207	6.807	＊＊＊	par_5
人均用水和用电量	←	生活便适度	1.000				
互联网普及率	←	生活便适度	0.999	0.082	12.141	＊＊＊	par_6
每万人拥有的医生数	←	生活便适度	0.898	0.089	10.097	＊＊＊	par_7
人均文化创意产业增加值	←	文化创意产业：生产能力	1.000				
文化创意产业增加值占总增加值比重	←	文化创意产业：生产能力	0.722	0.092	7.821	＊＊＊	par_8

（续表）

		Estimate	S. E.	C. R.	P	Label
大专以上人口比重	← 文化创意产业：创意阶层	1.000				
艺术家与文化组织指数	← 文化创意产业：创意阶层	0.609	0.104	5.864	＊＊＊	par_9
人均教育支出	← 文化创意产业：创新能力	1.000				
人均科技经费	← 文化创意产业：创新能力	1.250	0.147	8.492	＊＊＊	par_10
每万人社会消费品零售额	← 经济富裕度	1.000				
人均地区生产总值和职工平均工资	← 经济富裕度	0.927	0.052	17.731	＊＊＊	par_11

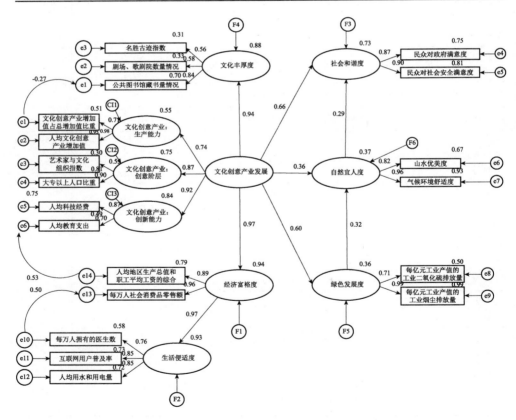

图 5-5 最终的模型及其标准化系数

对模型品质的判断有多项指标,如 RMSEA、NFI、CFI、IFI、RFI 等。"评价模型时,应多个拟合指数结合应用。"①由于判断假设模型与观察数据是否适配的指标很多,不同适配指标的评估可能对模型支持与否不尽一致,研究者应从多元准则加以考虑和评判。部分指标具有更好的适用性,例如,"RMSEA 在众多指数中,对错误模型比较敏感,而且惩罚了复杂模型,是相对比较理想的指数。"②综合多项外在品质的评价指标来看,本模型具有良好的适配性。详见表 5-12。

表 5-12　结构方程模型的适配性评价

统计检验量	适配的标准或临界值	本模型的值	拟合判断
绝对适配度指数			
GFI 值	>0.90 以上,越接近 1 越好	0.830	否
AGFI 值	>0.90 以上,越接近 1 越好	0.771	否
RMR 值	<0.05	0.065	否
RMSEA 值	<0.08 表示适配不错,<0.05 表示适配很好	0.072	是
ECVI 值	理论模型的 ECVI 值小于独立模型的 ECVI 值,且小于饱和模型的 ECVI 值	2.901.饱和模型为 3.333.独立模型为 16.808.	是
增值适配度指数			
NFI 值	>0.90 以上,越接近 1 越好	0.876	否
RFI 值	>0.90 以上,越接近 1 越好	0.849	否
IFI 值	>0.90 以上,越接近 1 越好	0.947	是
TLI 值	>0.90 以上,越接近 1 越好	0.935	是
CFI 值	>0.90 以上,越接近 1 越好	0.946	是
简约适配度指数			
PGFI 值	>0.50 以上	0.617	是
PNFI 值	>0.50 以上	0.719	是
NC 值(χ^2/df)	1<NC<3,表示模型有简约适配程度;NC>5,表示模型需要修正	1.651	是
AIC	理论模型的 AIC 值小于独立模型的 AIC 值,且小于饱和模型的 AIC 值	365.饱和模型为 420.独立模型为 2 118.	是
CAIC	理论模型的 CAIC 值小于独立模型的 CAIC 值,且小于饱和模型的 CAIC 值	573.饱和模型为 1 227.独立模型为 2 195.	是

①　易丹辉.结构方程模型:方法与应用[M].北京:中国人民大学出版社,2008:127.
②　李保东.结构方程模型在组织认同研究中的应用[M].北京:经济管理出版社,2014:84-85.

　　本模型的评价指标中,大部分都符合要求。例如最为重要的指标之一 RM-SAE 具有良好适配度。CFI 指标不受样本量的影响,能敏感地反映误设模型的变化,本研究中也是符合适配要求的。GFI、AGFI 早期使用较多,但发现不够稳定,这两项值在本文中低于 0.9 的适配标准,但是与 0.9 仍较为接近,而且由于对实际模型的判断还需结合其他指标,因此不影响对本模型适配度的整体判断。综合上表中的多项评价指标,可以认为,本模型具有良好的适配度。

　　模型内在品质上,基于标准化回归系数,各个潜变量的组合信度计算公式如下:组合信度 $= [\Sigma(\lambda)]^2 / \{[\Sigma(\lambda)]^2 + \Sigma(\theta)\}$。其中,$\lambda$ 为指标变量在潜变量上的完全标准化参数估计值(因素负荷量或回归系数);θ 为观察变量的误差变异量,其值 $= 1 -$ 因素负荷量的平方。Bogozzi 与 Yi 认为,组合信度在 0.6 以上,则表示潜在变量的组合信度良好。本研究中,经计算,经济富裕度组合信度为 0.922 8,生活便适度组合信度为 0.860 9,社会和谐度组合信度为 0.878 5,文化丰厚度组合信度为 0.704 5,绿色发展度组合信度为 0.848 6,自然宜人度组合信度为 0.886 4。文化创意产业生产能力组合信度为 0.842 1,创意阶层为 0.703 2,创新能力为 0.766 0。上述潜变量的组合信度都大于 0.6,模型内在质量佳。

　　另一个与组合信度类似的指标为平均方差抽取量(average variance extracted),它可以显示被潜在构念解释的变异量有多少来自测量误差。平均方差抽取量越大,相对测量误差则越小,一般的判断标准是平均方差抽取量要大于 0.50。其计算公式为:平均方差抽取量 $= [\Sigma(\lambda^2)] / \{[\Sigma(\lambda^2)] + \Sigma(\theta)\}$。经计算,本书中的各潜变量平均方差抽取量如下:经济富裕度为 0.856 9,生活便适度为 0.674 2,社会和谐度为 0.783 5,文化丰厚度为 0.451 9;文化创意产业发展中,生产能力为 0.732 3,创意阶层为 0.556 3,创新能力为 0.623 5,文化创意产业发展为 0.717 0。除了文化丰厚度之外,其他各项都符大于合 0.5 的标准。结合上文中,文化丰厚度的组合信度是合格的,因此认为模型的内在品质都是符合要求的。

　　根据前文所假设的模型,可以对文化创意产业的变量结构进行简单改造,提出一个类似的平行模型,以进一步检验文化创意产业作用于城市人居环境质量的关系和路径结构。研究的操作方法是从原二阶模型转变为更为简洁的一阶模型,在此模型下,取消文化创意产业下所包含的三个潜变量生产能力、创意阶层、创新能力,而是直接将这三个潜变量的指标归入到"文化创意产业发展"的潜变量下,前文所得模型中的其他结构不变。其假设的作用路径和结构如图5-6所示。

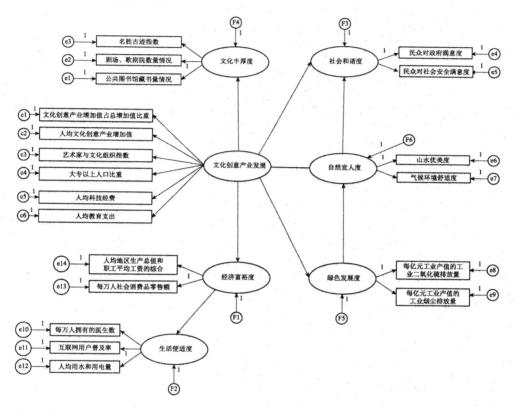

图5-6　调整后的创意人居城市的结构方程模型

对"文化创意产业发展"进行测量模型的建构和检验。由于文化创意产业的各观测变量之间存在着相互作用和影响甚至融合,对文化创意产业发展中的变量建立一部分误差项之间的相关,也即在c1和c2、c3和c4、c1和c3建立双向路径。从理论上来说,c1和c2属于文化创意产业的生产能力,c3和c4属于创意阶层,这种关联具有良好的解释性。得到的测量模型,其模型质量的各项评估参数如下,显示出具有较佳的模型质量。详见表5-13。

表 5-13　模型拟合度指标

CMIN

Model	NPAR	CMIN	DF	P	CMIN/DF
Default model	15	8.351	6	0.214	1.392
Saturated model	21	0.000	0		
Independence model	6	324.473	15	0.000	21.632

RMR, GFI

Model	RMR	GFI	AGFI	PGFI
Default model	0.034	0.978	0.925	0.280
Saturated model	0.000	1.000		
Independence model	0.389	0.468	0.256	0.335

Baseline Comparisons

Model	NFI Delta1	RFI rho1	IFI Delta2	TLI rho2	CFI
Default model	0.974	0.936	0.993	0.981	0.992
Saturated model	1.000		1.000		1.000
Independence model	0.000	0.000	0.000	0.000	0.000

Parsimony-Adjusted Measures

Model	PRATIO	PNFI	PCFI
Default model	0.400	0.390	0.397
Saturated model	0.000	0.000	0.000
Independence model	1.000	0.000	0.000

NCP

Model	NCP	LO 90	HI 90
Default model	2.351	0.000	14.189
Saturated model	0.000	0.000	0.000
Independence model	309.473	254.569	371.806

FMIN

Model	FMIN	F0	LO 90	HI 90
Default model	0.066	0.019	0.000	0.113
Saturated model	0.000	0.000	0.000	0.000
Independence model	2.575	2.456	2.020	2.951

RMSEA

Model	RMSEA	LO 90	HI 90	PCLOSE
Default model	0.056	0.000	0.137	0.388
Independence model	0.405	0.367	0.444	0.000

AIC

Model	AIC	BCC	BIC	CAIC
Default model	38.351	40.116	81.014	96.014
Saturated model	42.000	44.471	101.728	122.728
Independencemodel	336.473	337.179	353.539	359.539

ECVI

Model	ECVI	LO 90	HI 90	MECVI
Default model	0.304	0.286	0.398	0.318
Saturated model	0.333	0.333	0.333	0.353
Independence model	2.670	2.235	3.165	2.676

HOELTER

Model	HOELTER 0.05	HOELTER 0.01
Default model	190	254
Independence model	10	12

对模型进行整体的拟合,其标准化路径系数如图 5-7 所示。

该模型的各项回归系数都具有显著性。模型质量的评估指标良好,模型可接受程度佳。由此说明,上文所提出的二阶模型是可以接受的。本处所提的模型是对上节模型的局部调整,文化创意产业作用于人居环境质量的各项关系和结构都

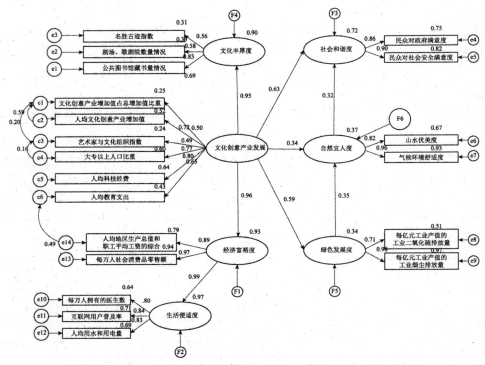

图 5-7 调整后的创意人居城市的结构方程模型标准化路径系数

未改变,也可用于描述新型文化创意产业作用下的城市人居环境质量的内在逻辑与构成。详见表 5-14。

表 5-14 模型拟合度指标

CMIN

Model	NPAR	CMIN	DF	P	CMIN/DF
Default model	52	277.091	158	0.000	1.754
Saturated model	210	0.000	0		
Independence model	20	2 077.802	190	0.000	10.936

RMR, GFI

Model	RMR	GFI	AGFI	PGFI
Default model	0.067	0.826	0.769	0.622
Saturated model	0.000	1.000		
Independence model	0.451	0.180	0.093	0.162

Baseline Comparisons

Model	NFI Delta1	RFI rho1	IFI Delta2	TLI rho2	CFI
Default model	0.867	0.840	0.938	0.924	0.937
Saturated model	1.000		1.000		1.000
Independence model	0.000	0.000	0.000	0.000	0.000

Parsimony-Adjusted Measures

Model	PRATIO	PNFI	PCFI
Default model	0.832	0.721	0.779
Saturated model	0.000	0.000	0.000
Independence model	1.000	0.000	0.000

NCP

Model	NCP	LO 90	HI 90
Default model	119.091	76.673	169.367
Saturated model	0.000	0.000	0.000
Independence model	1 887.802	1 744.963	2 038.034

FMIN

Model	FMIN	F0	LO 90	HI 90
Default model	2.199	0.945	0.609	1.344
Saturated model	0.000	0.000	0.000	0.000
Independence model	16.490	14.983	13.849	16.175

RMSEA

Model	RMSEA	LO 90	HI 90	PCLOSE
Default model	0.077	0.062	0.092	0.002
Independence model	0.281	0.270	0.292	0.000

AIC

Model	AIC	BCC	BIC	CAIC
Default model	381.091	401.891	528.989	580.989
Saturated model	420.000	504.000	1 017.279	1 227.279
Independence model	2 117.802	2 125.802	2 174.686	2 194.686

ECVI

Model	ECVI	LO 90	HI 90	MECVI
Default model	3.025	2.688	3.424	3.190
Saturated model	3.333	3.333	3.333	4.000
Independence model	16.808	15.674	18.000	16.871

HOELTER

Model	HOELTER 0.05	HOELTER 0.01
Default model	86	92
Independence model	14	15

四、创意导向型人居城市

上述模型的检验分析显示出,一种"创意导向型"的人居城市日益浮现,转变为城市人居环境质量的构成范式。它以文化创意产业的发展为核心,向影响着城市人居环境质量的各个重要因子形成正向辐射和有益作用,促进着城市人居环境质量在各方面的改善和提升。以研究所得的模型来说,文化创意产业发展对经济富裕度、社会和谐度、文化丰厚度、绿色发展度、自然宜居度都具有显著的作用。尽管对生活便适度的影响缺乏直接性,但仍通过经济富裕度这一中间因素显著地影响着生活便适度的提升。

就本书所抽取的我国样本城市而言,文化创意产业发展在这些因子中具有核心性的地位,具有其他因素对文化创意产业发展的难以替代性。例如传统的以经济发展、经济富裕度为主导的城市发展方式,显现出其在构建人居城市上的乏力。经济因素尽管是一个基础性的重要层面,但是它对社会和谐度、文化丰厚度、自然宜人度、绿色发展度方面的作用,在本书的假设中被推翻了,并未得到实证的支持。因此人居城市的构建需要简单的经济驱动因之外的新的动力因子,而文化创意产业发展对此表现出了良好的功能适应性,具有对人居城市各主要层面的有效支撑。

　　以文化层面而言,文化丰厚度是当前我国城市注重的另一因素,被许多城市纳入"文化立市"、建设"文化型城市"的战略向度,被认为其具有转变城市的方式、促进城市的绿色发展、促进城市的社会建设等诸多积极意义。但是在本书中,文化丰厚度对于城市人居环境质量的构建并未显现出足够的支撑,它对于城市的绿色发展度、社会和谐度的正向作用都未能得到模型的支持。这意味着,文化资源的丰厚并不能直接转变为城市人居环境质量发展的驱动,而是需要把文化的静态资源转化为文化化的动态发展方式。而文化创意产业的发展为此提供了契机和切入的路径,它既和城市的文化丰厚度有着深刻的渊源,也通过其主动的、产业化的、扩张化的文化资本对城市的发展方式产生作用,促进城市的绿色发展、生态宜居以及社会和谐,形成城市在新阶段转型发展的催化剂。

　　人居环境质量的构成中,绿色城市、生态友好型的城市通常被认为是重要的甚至具有中心性的因素。毋庸置疑,绿色发展度、自然宜人度的确是关系到城市居民的居住体验、人居感受的十分主要的因素,但是它还难以形成对城市整体发展的多维度、多方面辐射。至少在现阶段的我国城市而言,希冀通过绿色发展来推动城市经济富裕度、生活便适度、文化丰厚度等方面的发展,仍然是超出当前实际发展水平的。绿色城市是城市应有的未来发展方向和目标,但是对目前而言还不是能充分承受和发挥其作用的。而文化创意产业既立足于现实的经济发展度,又关系到城市的知识经济形态、资源节约、生态友好等构成特征,是一条立足扎实、辐射广泛又具有未来意义的可行路径。

　　在人居城市的建设中,文化创意产业以往虽然并未被完全忽视,但是其地位是被大大低估的。它或者被作为文化层面之中的一个因素,或者零星地出现在对于人居环境质量进行衡量的各种子指标中。然而,文化创意产业是一种新崛起的、具有强大未来意义的产业形态,它具有对经济、文化、社会、生态等多层面的丰富渗透和融合。本书的结构方程模型的检验与分析显示,文化创意产业对城市人居环境质量的构建起着充分的和重大的影响。我们必须正视和重视创意人居城市的崛起,发挥其在城市发展中的作用和特征。在创意型人居城市中,文化创意产业发展显现出其核心性和难以替代性,显现出对良性城市人居环境作用的广泛性和显著性,对我国人居城市的范式探索和未来城市的形态特征更新都具有重要意义。

第六章 文化创意产业提升城市人居环境质量的类型特征*

一、研究概述与数据来源

文化创意产业和城市人居环境质量的联系和作用,存在着不同的类型和模式。我国具有各种各类的城市,它们的文化创意产业发展和人居环境质量之间都各有特点,如何通过文化创意产业带动城市人居环境质量的提升也存在着不同的特征和类型。本章在各个样本城市的统计数据的基础上,根据文化创意产业和城市宜居性的各要素进行聚类分析和多重对应分析、多维尺度分析,考察我国"文化创意型"人居城市的类型特征,并以此探察文化创意产业对城市人居环境的作用机制。

本章通过对文化创意产业的 9 个指标和城市宜居性的 20 个指标进行城市聚类,继而对城市数据通过进一步的多重对应分析和多维尺度分析,来探讨各类城市之间的异同之处。各指标的采用以及数据的获得与本研究报告第三章所述的相同,具体见表 6-1 和表 6-2。

表 6-1 文化创意产业发展测量指标体系

一级指标	二级指标	三级指标
文化创意产业发展	生产能力	文化创意产业增加值指数
		文化创意产业增加值占总增加值比重
		人均文化创意产业增加值指数
	创意阶层	艺术家与文化组织指数
		文、体、娱从业人数指数
		大专以上人口所占比重

---

* 本章由徐翔构建研究框架、理论指标体系及进行指导和修改,李莎进行了分析写作。

（续表）

一级指标	二级指标	三级指标
文化创意产业发展	创新能力	专利数、论文发表数、科技成果数综合指数
		人均科技经费指数
		人均教育支出指数

表 6-2　城市人居环境质量测量指标体系

一级指标	二级指标	三级指标
城市人居环境质量	经济富裕度	人均地区生产总值和职工平均工资的综合
		每万人社会消费品零售额
		第三产业占 GDP 比重
	社会和谐度	民众对政府满意度
		社会安全民众满意度
		社会保障覆盖率和失业保险参保率综合
	生活便适度	人均居住用地面积
		人均实有道路面积
		人均医生指数
		互联网普及率
		人均用水和用电量综合
	文化丰厚度	名胜古迹指数
		公共图书馆藏书总量
		剧场、歌剧院数量
		高校数量
	自然宜人度	山水优美度
		气候环境舒适度
	绿色发展度	每亿元工业产值的工业二氧化硫排放量指数_逆向转换后
		每亿元工业产值的工业烟尘排放量指数_逆向转换后
		建成区绿化覆盖率

　　数据选取的 127 个地级及以上样本城市、数据来源、数据的无量纲化和标准化处理方法都和前文相同，此处不再赘述。处理后的指标值映射到［0，1］的区间内。

二、总体与城市特征的聚类分析

聚类分析是对多属性统计样本进行定量分类的一种多元统计分析方法。该方法是从一批样本的多个观测指标中，找出度量样本之间或指标之间相似程度或亲疏关系的统计量，构成相似性矩阵，在此基础上按照相似程度的大小，把样本或变量逐一归类，关系密切的归类聚集到一个小的分类单位，关系疏远的聚集到一个大的分类单位，直到所有样本或变量都聚集完毕。

基于利用 SPSS 软件对 127 个城市的各类数据进行系统聚类，聚类方法采用的是组间平均连接。聚类结果产生的树状图反映着各类城市的异同，如图 6-1 所示。

1. 总体特征考察

我国城市呈现出少数突出领先且独特性强、多数集中其差异小的特点。在将 127 个城市划分为 18 个聚类类别的情况下，北京、上海、深圳、克拉玛依、广州、东莞、天津、嘉峪关、安顺各为一类，其他各组包含一个以上的城市分别组成其各自的类别。

同区域城市之间具有一定相似性，并且被归为一类。如厦门和珠海为一类，苏州和杭州为一类，金昌和白银为一类，海口、三亚、乌鲁木齐为一类。

同级别的城市具有相似性，西安、武汉、济南、重庆、哈尔滨、呼和浩特、太原、贵阳、石家庄、郑州、长春、长沙、沈阳、南昌、合肥为一类，绝大多数都是省会城市；成都、昆明、宁波、青岛、大连、南京、中山为一类，大多数为沿海城市；南阳、信阳、驻马店等剩余城市为一类，由此可见省会城市之间、沿海各省级副省级城市以及省内一般城市均有相似性。

2. 城市类型分析

为了详细探讨聚类城市的异同，我们根据图 6-1 将 127 个城市划分为 18 个大类，为了方便分析将 18 个类别概括为若干阵营，下面具体分析每个阵营包括城市的文化创意产业和城市人居性的特征。

（1）第一类阵营城市包括北京、上海、广州、深圳、天津，这些城市都是国内的一线和直辖市城市，许多分项指标都名列前茅，属于我国最有潜力成为文创产业蓬勃发展的宜居城市。北京和上海具有高度相似性，京沪协同发展，在国际上拥有很高的知名度，分别是我国的政治文化和金融经济中心。北京文化产业规模持续增

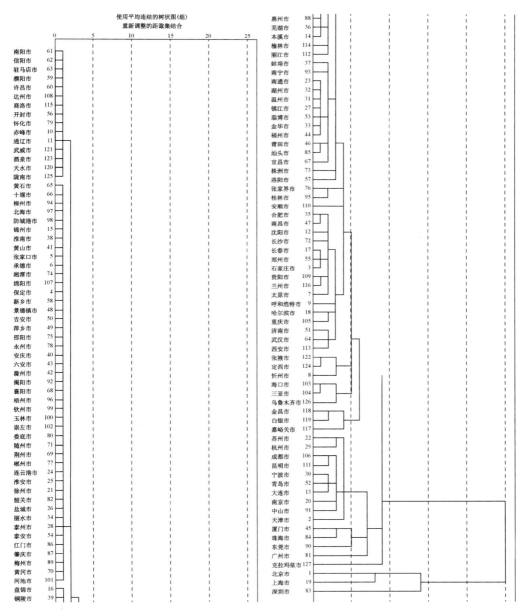

图 6-1　系统聚类结果树状图

快,就业形势向好,文创产业已成为北京市仅次于金融业的第二大支柱产业。与此同时,2015 年 8 月 18 日,经济学人智库发布了最新的全球宜居城市排名,北京在全球宜居城市排名中上升了 5 位,位列第 69 位,蝉联中国大陆最宜居城市。2014 年,上海市文化创意产业增加值占全市 GDP 比重的 12%,提前一年完成"十二五"规划目标,文化创意产业正在成为引领和支撑上海新一轮发展的支柱产业。同样在 2015 年全球宜居城市排名中上海位列 78 名。广州在文化创意方面和上海类似,2015 年中国社会科学院财经战略研究院和社科文献出版社共同发布了城市竞争力蓝皮书《中国城市竞争力报告》中,广州位列宜居城市第 5 名。广州文化创意产业和上海类似,产业集群化程度较高,集聚效应明显,文化创意产业对整体经济发展的支撑作用显著增强。在城市宜居性方面,广州在全球宜居城市排行榜上有名。深圳的文创产业,成为全国文创产业高速发展的一个缩影。自 2003 年实施"文化立市"战略以来,深圳文创产业以年均 20% 以上的速度快速发展,2014 年文化创意产业增加值达 1 553.64 亿元,10年增长了约 10 倍,占 GDP 的比重达 9.7%,涌现出以华强文化、腾讯、易尚展示、环球数码为代表的一大批拥有自主知识产权、具有较强竞争力的龙头企业。而法国建筑大师德尼·岚明来深考察建筑设计和文化创意产业时曾称赞说"深圳是世界难得的宜居城市"。相对于京沪而言,和广州类似,深圳整体指标指数稍逊一筹。这类可以大致分为两类:京、沪、广、深为一类,天津为一类。在天津,文化创意产业越来越成为经济发展的新引擎,以文化创意产业为主导业态的文化创意产业园区日渐增多,而这无疑将对天津产业结构调整升级,重新规划城市产业布局,打造新的经济增长点,不断提升区域经济一体化发展水平提供重要保证。同样在 2015 年全球宜居城市排名中天津紧随北京之后,排名 70。这一阵营的各个城市在文化创意产业和城市宜居性都属于发展比较平衡,和城市本身的形象和竞争力基本一致。

(2)第二类阵营主要是我国沿海开放区的副省级或地级市,包括厦门、珠海、宁波、青岛、大连、南京、中山、成都、昆明、海口、三亚、乌鲁木齐、苏州和杭州。这些沿海城市利用改革开放的机遇和自身优势,城市经济发展和社会发展都得到了迅猛的提升,同时文化创意产业发展和城市宜居性建设也同步发展。优越的地理位置、丰富的物质资源、强大的工业体系等条件使得这些城市成为我国整体竞争力最强的地区之一。厦门、珠海、宁波、青岛、大连、南京、中山、苏州和杭州更加趋于一致,它们经济实力强,各方面发展均衡。这类城市的文化创意产业竞争力强,管理和技术水平高,质量和服务好,经济效益高。这类城市的创意产业园区具有相当规模与特色并已形成亦协作亦竞争的局面,形成了以工业设计、装饰设广告、策划动漫科技等为优势行业的文化创意产业集聚态势。规划设计、品牌建设、金融支持、人才培养等方式是解决这些地区文化创意产业集群发展的重要途径。同时这些城市的自然环境和人文环境优美,居住舒适;有较强的地理、经济优势;城市内外的基础设施比较完善,文化氛围较为浓厚,并具有创新精神;产业结构比较合理,城市化和工业水平高,社会治安好,各项制度和法律完善;政府管理服务意识和能力较强,城市开放程度较高,城市整体宜居性较好。这类城市和第一大类城市,与京沪广深津相比,在文化创意产业发展的人才、创意能力相对弱,而在环境等方面具有优势。相对而言,成都、昆明、乌鲁木齐三者更加接近,基本都是通过整合文化资源,实现优势互补,夯实发展基础;实现社会融资,组建产业集团,壮大竞争实力;挖掘历史文化资源,发挥民族区域特色,打造文化旅游产业品牌。昆明市针对经营性文化单位规模小、经营分散,难以实施规模化产业运作的状况,对国有影剧院采取了两改、两调的方式对影剧院的资产进行重组。成都市打造以"三国"文化为中心,发展文化文物旅游产业的品牌。乌鲁木齐市创建"七坊街"——首家文化创意产业示范基地,通过五彩斑斓的文化涂鸦墙、曲艺、手工艺品、摄影作品,浓郁的文化气息扑面而来,作为推动乌鲁木齐文化产业发展的一个窗口,引领和带动着整个区域旅游文化产业的大发展。由于相同的地理区位、城市背景和发展轨迹,这类城市也具有相似的弱势,在人才、科技、资本等方面略显不足。

（3）第三类阵营主要是全国5个不设市辖区的地级市,包括克拉玛依、东莞、嘉峪关、安顺。克拉玛依按照自治区关于"坚持以现代文化为引领,推动新疆文化大发展大繁荣"的战略部署,立足历史文化、民族文化、地域文化的资源优势,坚持社会效益第一、社会效益和经济效益相统一的原则,以盘活存量、做大增量、优化结构、突出特色、提高层次为重点,加快发展文化产业。克拉玛依市成为西北最宜居城市,是一座宜居宜业宜游的文明之城。东莞作为"广东四小虎"之首,号称"世界工厂",国际花园城市,全国文明城市,全国篮球城市,广东重要的交通枢纽和外贸口岸,是全国5个不设县的地级市之一。东莞文化创意产业发展依托产业集群,东莞市2011年设立16亿元的现代文化产业名城建设专项资金,建设一批聚集效应明显、辐射力强的文化创意产业园区（基地）,形成科技含量高、创新能力强的现代文化产业品牌群。嘉峪关市是甘肃省下辖的地级市,是明代万里长城的西端起点,是一座新兴的工业旅游现代化区域中心城市。素有"天下第一雄关"、"边陲锁钥"之称。嘉峪关市文化产业在经济调控措施带动下,呈现出持续稳定增长,文化休闲娱乐服务类企业拉动全市文化产业快速发展,文化市场活跃、文化用品消费量大幅增长三大特点。《2014 中国宜居城市竞争力报告》嘉峪关市位列第 66 位,位居甘肃省第一。在刚刚召开的"中国和谐城市可持续发展评价体系研究工作暨首届中国和谐城市可持续发展高层论坛"会上,公布了中国十佳和谐可持续发展城市和中国十佳休闲宜居住生态城市名单,嘉峪关市市荣登中国十佳休闲宜居生态城市榜首。安顺是贵州省下辖的地级市,素有"中国瀑乡""屯堡文化之乡""蜡染之乡""西部之秀"的美誉,是中国优秀旅游城市。安顺市文化产业与旅游深度融合,百花齐放,实现快速发展。据初步统计,2014 年安顺市有文化企业 943 家,个体户 5 412 户,文化产业增加值 27.56 亿元,占全市 GDP 比重约为 5.33%。2014 年文化产业招商引资实际到位的资金数达 43.4 亿元,有力助推了全市文化产业发展。由此可见,该类城市有着类似的地理区位、城市背景和发展方式,主要依托某一产业或与某一产业融合发展文化创意产业,同时自然资源丰厚、风景优美及丰富的旅游资源而以宜居性闻名,文创和城市宜居性发展势头较好。

(4)第四类阵营城市包括我国部分省会城市和区域性中心城市,主要包括西安、武汉、济南、重庆、哈尔滨、呼和浩特、太原、贵阳、石家庄、郑州、长春、长沙、沈阳、南昌和合肥。这些城市聚集在一起主要的原因是大多数指标表现一般,城市缺乏非常鲜明的特色。在文化创意产发展中,这些城市也没有明显的优势。不过大部分城市有着深厚的文化底蕴,特色文化资源相对丰富,可以充分挖掘特色文化潜力奖文化资源转化为文化资本,提升文化软实力,进一步促进文化创意产业的蓬勃发展。在城市宜居性方面,无论是从气候环境、绿化率还是经济富裕度或文化丰厚度等各方面来看,这类城市都属于较为平庸的城市,宜居性也没有很鲜明的特色。

(5)第五类阵营城市包括张掖、定西、忻州、张家界、桂林、金昌和白银。这些城市可以进一步分为两类,一类是张掖、定西、忻州、金昌和白银这些西部城市;另一类是张家界和桂林,都属于旅游城市,旅游产业与文化创意产业融合发展。旅游业和文化创意产业的融合发展是一项系统工程,这两个城市旅游业和文化创意产业的融合发展取得了一定成绩,通过推动产业和城市双转型、发展创意经济、提升文化软实力的大背景下,文化创意和旅游的融合被赋予了全新的内涵。文化创意和旅游融合不仅可以为旅游业开发丰富的人文价值和经济资源,也可以为文化创意提供一条转化为社会财富的广阔道路,但同时在产业融合顶层设计、公共服务平台构建、市场主体培育、保障体系建设等方面仍面临严峻挑战。作为两个典型的旅游城市,二者的城市宜居性是不言而喻的。张掖、定西等城市文化及相关产业的发展已初具规模,文化产业投资主体多元化的格局已基本形成,一些具有发展实力的行业初步涌现。与此同时,从文化创意产业结构、管理机制和总体规模的分析看,这些城市文化创意产业的发展仍存在一些问题,主要表现在产业结构不合理,以传统文化经营为主的产业比重大,以信息化、数字化为核心的现代传媒、动漫游戏、数字视听、演艺娱乐、文化旅游、网络文化、会展博览等新兴的文化产业比重小;现代性文化企业少,具有创意实力的企业更少,迫切呼唤能够充分借助现代光电科技,依靠现代资本市场实现文化资本、人力资本与金融资本有效对接的知名文化企业;认识滞后,发展观念不强。而这些城市地域辽阔、生态区位重要,但自然条件严酷,是生态较为脆弱的城市。由于这些城市立足与"山水、古城",科学谋划、聚焦发力,把宜居宜游培育成战略性主导产业,使张掖、定西等城市成为西北独具特色的宜居宜游更宜人的生态城市。这些城市相对于第一、二、三类城市,产业竞争力相对不足,城市环境和对外开放程度较为落后,文化创意产业发展较为缓慢。

（6）第六类阵营为南阳、信阳、驻马店、萍乡等城市。这类城市无论从文化创意产业发展还是城市宜居性而言都是发展落后的城市。文化创意产业发展缓慢,没有形成集群效应,同时城市宜居性也无特色。这类城市整体从层次比较低,也符合城市竞争力区位所处的位置。

三、多重对应分析与多维尺度分析

对应分析是近年新发展起来的一种多元相依变量统计分析技术,通过分析变量的交互汇总表来揭示变量间的联系,可以揭示同一变量的各个类别之间的差异,以及不同变量各个类别之间的对应关系。多重对应分析在简单对应分析的基础上发展而来。本文将 127 个城市的 9 个文化创意产业测量指标和城市人居环境质量 20 个测量指标,利用 SPSS 进行多重对应分析,结果如图 6-2 所示。

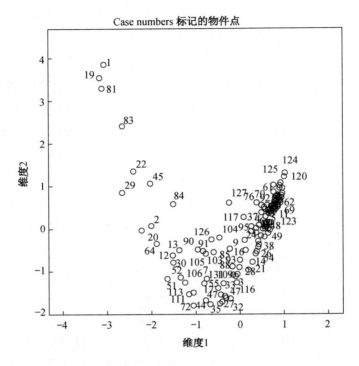

图 6-2 多重对应分析结果

由图 6-2 的结果可知,对应分析的结果和系统聚类结果基本一致。北京(1)、上海(19)、广州(81)三者距离较近,这三者与深圳(83)距离也不远,符合第一阵营里分类。苏州(22)、厦门(45)、杭州(29)、珠海(84)这四个城市距离较近,也符合上文第二阵营里分类,属于沿海发达城市,文创和宜居均均衡发展的城市。南京(20)、武汉(64)、沈阳(12)、大连(13)等城市也符合第二阵营和第三阵营的分类,属于省会城市。天津(2)作为直辖市单独为一类,也是可以符合的。东莞(90)、中山(91)等城市比较靠近,符合第三阵营分类。天水(120)、酒泉(123)、定西(124)等城市符合第五阵营里的分类。上述结果表明,分类基本和验证类似,个别有细微差别,但影响不大。

为进一步探究对象城市的类型分布特征,再对样本城市进行多维尺度分析。

分析所依靠的变量以及数据与上文所进行的聚类分析和多重对应分析相同。分析的城市从样本的 127 个,保留北京、上海、广州、深圳、天津、苏州、厦门、杭州、珠海、南京、武汉、沈阳、大连的前提下,从其他的城市中随机删减使得样本城市数减少到 100 个。保留这些城市的原因是其在聚类分析和多重对应分析中都显示出有较为鲜明的独特性,与其他众多城市区分度较大。由于删掉的 27 个样本城市与其他城市的重复性较多,因此不影响计算结果的特征挖掘。通过 SPSS 的多维尺度(ALSCAL)模块,从数据创建的距离采用 Euclidean 距离,将对象进行两维度的尺度分析。得到的结果经简单处理如图 6-3 所示。

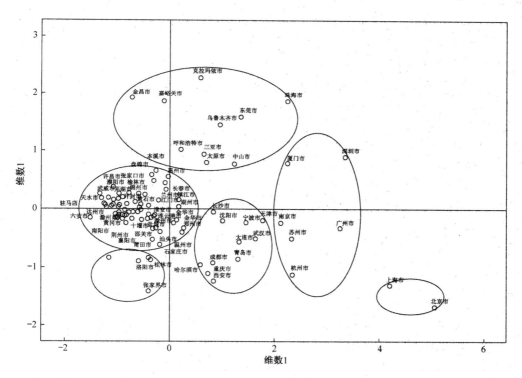

图 6-3　多维尺度分析结果

分析的结果显示,我国城市在文化创意产业和人居环境的建设方面,类型分化与特点差异是比较鲜明的。北京、上海作为我国的两大中心城市以及文化创意产业发展的两个龙头城市,体现出与其他绝大多数城市的不同。与北京、上海比较接近的是广州、杭州和苏州、深圳、厦门、南京,它们都是我国文化产业规模较大、发达程度居于领先地位的城市,同时也是一线或准一线的发达城市,在地理位置上处于长三江和珠三角,生活富裕、文化底蕴充分、自然条件怡人、生态文明领先。天津、武汉、宁波、大连、青岛、沈阳、长沙、成都、重庆、西安、哈尔滨处于同一集团,它们一般是省会城市或省级的中心城市,文化较为发达,经济上逊于一线城市但也具有区域的龙头或引领地位,在自然的人居环境上具有尚可的禀赋条件,同时各城市也积极打造自身的文化创意产业优势,部分城市形成了自己的文化创意产业品牌。例如长沙的湖南卫视和电视传媒娱乐业,天津的数字信息产业,西安的文化旅游和曲江新区,重庆和成都具有西南特点的历史文化街区,青岛、大连的海洋文化,哈尔滨和沈阳在东北具有悠久的历史文化。张家界、桂林、洛阳、安顺可以归为同一集团,它们的经济并不发达,但是旅游资源和旅游业为其城市的文化创意产业和人居环境提供了驱动力,使得城市居住质量得以提升优化。兰州、许昌、萍乡、达州、湖州等众多城市归结到同一类,它们并无繁荣的文化创意产业发展水平,也无令人瞩目的经济富裕度、城市居住质量或优越的自然环境,而是属于我国为数众多的三线、四线城市。这类城市在文化创意产业与人居环境的发达程度都有较大开掘空间。样本城市的分布中,经济发达程度、文化创意产业发达程度和居住环境质量在横轴共同起着作用,显示着文创产业在人居城市建设中日益显著的驱动作用。多维尺度的分析结果与多重对应分析的结果具有较大的相近性,与聚类的结果在基本上也是符合的。

四、文化创意产业与人居环境质量互动发展的城市战略

传统的城市划分中往往只考虑到城市竞争力指数,而研究城市宜居性和文化创意产业发展的协同作用的少之又少,通过本文的研究和阐述,可知文化创意产业发展一定程度上会促进城市宜居性的提升。可以根据城市聚类结果和对应分析结果进行城市定位和战略制定。

第一阵营的京沪广深在文创和城市宜居性均有很强的竞争优势,因此可以瞄准国际上有名的全球城市,如东京、纽约、巴黎等中心城市,建设国际化大都市。同时这些城市担负起带动环渤海、长三角、珠三角发展的重任,带动周边相关城市的发展,提高文化创意产业竞争力,促进宜居城市建设。

　　第二阵营里的厦门、珠海、宁波、青岛、苏州、杭州、大连、南京和中山等城市,是仅次于京沪广深四个城市的大城市,具有发展成相应区域副中心城市的潜力。作为文化创意产业和城市宜居建设协调发展的城市,这些城市在定位和战略制定上要注意发挥自身的优势,扬长避短,进一步发展自己。如南京通过承办青奥会,向全国乃至世界展示了南京的形象和文化名片,青岛借助承办的 2008 年奥运会水上项目向世界呈现了不一样的城市风采,杭州通过打造全国文化创意产业中心,初步实现文化创意产业发展引领经济发展的引擎。厦门、珠海等地也依托毗邻港澳台的地理优势,大力发展电子和动漫产业,走绿色发展道路,引领文化创意潮流。

　　第三阵营里的不设市辖区的地级市中,克拉玛依是依靠油田开发建设而发展起来的石油城市,在石油石化工业的有力带动下,城市面貌日新月异,教育、文化、卫生等各项社会事业蓬勃发展。如今的克拉玛依,已成为一座经济充满活力、环境充满魅力、社会和谐稳定、人民安居乐业的现代化全国文明城市,极具吸引力的宜居宜业宜游城市,被誉为"戈壁明珠"、"沙漠美人"。东莞市 2015 年文化产业增加值超过 400 亿元,文化产业增加值占地区生产总值的比重超过 6.5,文化产业增加值年均增长 15% 左右。东莞市文化创意产业发展迅猛,打造全国动漫衍生品交易中心,支持传媒企业"强强联合"。嘉峪关市依托华夏文明传承创新区建设为主的文化战略平台,大力实施项目带动战略,一批影响大、辐射强的文化产业项目应运而生。其中,华强文化科技产业基地项目计划投资 22 亿元,利用两年时间开发建设华强方特欢乐世界文化主题公园、方特游乐园、欢乐水世界、动漫城、动漫设计及影视基地;投资 2 亿元、占地 26 万平方米的中华孔雀苑,集旅游观光、休闲度假、蓝孔雀种群繁育、规模养殖于一体,是目前国内最大的孔雀生态园,为国家 3A 级旅游景区;总投资 2.98 亿元的恒基美居文化生活广场,规划建设嘉峪关地方工艺品展销馆、嘉峪关奇石字古董陈列馆及博物馆、读者动漫嘉峪关基地、中国摄影家协会嘉峪关采风基地等 18 个体验馆,主体工程已完工。安顺市坚持守住发展和生态两条底线,深入实施主基调主战略,坚持开放带动、创新驱动,着力推动健康养生理念与传统产业的创新融合,着力推动健康养生示范园区、基地发展,着力培育壮大健康养生企业,着力优化发展环境,加快建设安顺"宜居颐养胜地"健康养生品牌,不断培育安顺新的经济增长点,促进转型升级发展。这类城市充分发挥自身的特点和优势,形成自身发展的核心竞争力,城市发展必将迈入新的历程。

第四阵营包括西安、武汉、济南、重庆、哈尔滨等省会城市。省会城市是城市发展的标杆,各个城市群的发展,必须有榜样标杆引领。省会城市均有较深的文化底蕴,这类城市相对于沿海城市,文化创意产业发展和宜居性建设都较为落后,自身的原因在于缺乏优势突出的领域或者未将城市自身的优势有效发挥出来。但是这类城市一般资源丰厚,并具有良好的区位优势,可以通过发挥城市硬竞争力优势,克服相关的制度、管理等软环境的劣势,必将具有很大的发展潜力。

第五阵营里的白银、金昌等西部城市以及张家界和桂林等中部旅游城市,依托旅游产业和文化创意产业深度融合发展,但其发展不平衡的劣势也是显而易见的,结构过于单一,因此要扬长避短,制定综合性城市发展战略,才能将城市发展推向一个新的高潮。

第六阵营的城市在文化创意产业创新人才、创新能力等各方面都落后,同时城市宜居性建设也没有明显特色和可以依托的重要资源,综合实力薄弱,需要重新对城市进行定位并制定相应的发展战略。

在文化创意产业带动的人居城市建设上,城市间还需树立协同发展意识,加强城市区域联动合作发展。同区域城市由于在文化创意产业发展基础、区位条件、发展模式上非常类似,常常发展成以某个中心城市为龙头,辐射周边城市,构成如长三角、珠三角等模式的文化创意集群发展模式。因此,区域间可以进行合作,降低成本,扩大规模经济等方式来提升文化创意产业竞争力,进一步推进城市宜居性建设,实现共同发展的多赢局面。因此转变观念,树立协同发展意识,加强区域间发展非常必要。聚类和多重对应分析结果显示,第一阵营和第二阵营、第四阵营里的省会城市具有区域合作性,如以北京为首,带动环渤海湾文创发展和宜居性建设,以上海为龙头,带动南京、苏州、杭州等周边城市的文创发展和宜居建设。同样省会城市由于自身具有丰富的资源和硬件设施,可以通过与第二阵营的沿海城市合作,挖掘自身的文化特色和环境资源,提升城市竞争力。第五阵营里的西部城市也可以和中东部城市形成联动合作发展模式,借力发展,拓展城市发展的模式,寻求共同发展机制。

第七章　结　　语

面对文化竞争和创意经济时代的崛起,城市建设和城市化发展也面临新的文化驱动和创意城市转型。城市人居环境建设关系到城市的人本性、生态宜居、"人文复兴"和可持续发展,关系到城市在经济基础、生活条件、生态文明、社会和谐、文化体验等多方面的实力,关系到城市发展模式和理念的转变。城市的文化创意产业发展与人居环境质量建设显现出多维度的融合互动,文化创意导向下的人居环境建设也日益浮现和凸显。

城市的人居环境包含着文化的元素和构成,文化作为人居城市中的必要向度增加了文化创意对于人居环境质量的作用及其可能性空间。对于人居城市的文化构建策略和人文引导策略被日渐纳入议题。对现代城市的发展而言,文化创意产业越来越得到重视和强调,诸多城市把"创意城市"、文化创意产业之都作为自身的发展战略,谋求城市的转型与新的战略增长极。城市的人居环境建设通过各种路径把文化纳入其自身的内涵中,通过城市的人居软环境、文化丰厚度、人文舒适度等的建设来推动人居环境质量的全面推进与优化。新语境下的文化创意产业不仅仅是人居城市建设的一个补充和点缀,而且也具有文化创意转向的发展驱力。挖掘发挥宜居城市建设中的"创意植入"和创意城市的人居效应,对于我国加深文化创意与人居的互动城市范式、促进创意城市和人居城市的融合创新发展,具有其迫切意义和现实诉求。

文化创意产业的兴起,有助于城市经济发展方式的转变和经济生活质量的提升,拉升知识经济和"创新驱动"在区域发展中的地位和作用,推动经济增长从粗放型到集约型、从资源消耗到高附加值的转变,促进城市经济结构优化和区域经济体系的重构,提升居民的经济富裕度和宜居城市的物质基础。文化创意产业和创意城市的发展,通过对社会包容度的支撑、对社会资本的培育、对地方认同的塑造、对族群互动的促进,有利于增进社会和谐度和社会环境的人居性。文化创意产业的发展有助于城市加强对文化资源的开发、对文化资本的利用、对文化品质的挖掘,丰富城市的文化体验,促动城市人居环境的文化导向和"人文复兴"。创意城市在人本主义和文化策略的驱动下,更为注重城市空间的开发和更新中对文化创意产业元素的运用,加强城市空间的创意环境、"地点质量"的改善和优化,来提升适宜人力资源集聚和生活、工作的人居环境。文化创意经济的内在属性具有物耗能耗低、空间占用少、污染排放弱的特点,对自然资源的依赖度明显下降,有助于缓解和解决诸多城市面临的资源枯竭、环境污染等"城市病",建设资源节约型和环境友好型城市,有利于低碳城市、绿色城市的推进和发展。文化创意产业主导的"创意城市"成为未来城市发展的重要趋势,它将优质的自然生态环境纳入到城市的内涵要求和禀赋之中,创意城市对绿色和生态的倡导有助于改善城市生态人居环境。

对研究对象进行实证分析的结果显示,文化创意产业发展与城市人居环境质量之间存在着显著的相关性。从经济方面的人居环境质量来看,它与文化创意产业的关系比较紧密。从社会方面的人居环境质量来看,文化创意产业增加值以及人均文化创意产业增加值,与民众的政府满意度、社会安全满意度都有较高的相关系数值;艺术家与文化组织指数对社会和谐度的相关系数值相对较低,但也存在着显著关系。从生活方面的人居环境质量来看,基本存在相关性,但是文化创意产业增加值比重与人均居住用地面积、艺术家与文化组织指数和人均城市实有道路面积、艺术家与文化组织和人均居住用地面积的相关系数未通过显著性检验;文化创意阶层更需要大都市的集中性,但这并不意味着田园城市般的宜居、宜行的人居质量,创意阶层对于都市的生活人居环境的作用力相对较弱。从文化方面的人居环境质量来看,它与文化创意产业之间具有易于理解的紧密相关性,文化创意产业有力地反馈和反哺于城市的各种文化设施、文化空间、文化服务和文化软实力。从自然环境和绿色发展方面的人居环境质量来看,文化创意产业中高度知识化、创新化的产业形态部分,有助于城市的自然环境怡人度和绿色发展度;创意阶层尤其是文化、艺术领域的创意阶层集聚,与自然宜人度和绿色发展度的相关性则仍有待进一步加强。多元回归分析的结果显示出,文化创意产业因子对于城市人居环境质量具有显著作用和多维度的内部关联机制。

基于城市人居环境的文化向度,文化创意因素强势全面渗入的人居城市是城市发展的应由之义和必然诉求。现代城市人居环境质量建设中存在着日益显现的"创意人居城市"发展范式,文化创意产业发展对于城市人居环境质量发挥着重要的提升作用,以"文化创意型"导向促进城市人居环境质量在经济、社会、生活、文化、自然、生态等多方面的改善。基于结构方程模型的拟合与分析显示出,"创意导向型"的人居城市日益浮现,转变为城市人居环境质量的构成范式。它以文化创意产业的发展为核心,向影响着城市人居环境质量的各个重要因子形成正向辐射和有益作用,促进着城市人居环境质量在各方面的改善和提升。"创意人居城市"不是把文化创意产业作为人居环境中的一个片段或部分,而是充分强调它对于人居环境的整体性的渗透、联动、融合,及其对于人居城市的有机化构成;不仅关注文化创意产业对城市人居环境的促进作用,更要充分重视文化创意产业对于人居城市的核心驱动效力和转向意味,将创意导向型的人居城市作为一种具有现实和未来意义的城市发展范式。

结合文化创意产业和人居环境质量的指标数值,对文化创意产业作用于城市人居环境的类型特征进行挖掘分析。我国城市呈现出少数突出领先且独特性强、多数集中其差异小的特点。同区域、同级别的城市具有相似性。根据文化创意产业发展水平以及人居环境的质量和特点,结合聚类分析和多维尺度分析、多重对应分析等手段,这些城市主要可划分出几种不同的集团。北京、上海等城市规模大、综合实力发达的城市构成的阵营,它们的文化创意产业和城市宜居性具有较均衡的发展,和城市本身的综合竞争力也较为一致;杭州和苏州、深圳、厦门、南京等文化产业规模较大、发达程度居于领先地位的城市,同时也是一线或准一线的发达城市,它们生活富裕、文化底蕴充分、自然条件宜人、生态文明领先。天津、武汉、宁波、大连、青岛、沈阳、长沙、成都、重庆、西安、哈尔滨处于同一集团,它们一般是省会城市或省级中心城市,文化较为发达,经济上逊于一线城市但也具有区域性的龙头或引领地位,在自然人居环境上具有尚为适宜的条件,同时各城市也积极打造自身的文化创意产业优势或特色竞争领域。兰州、许昌、萍乡、达州等诸多城市构成的类,缺乏繁荣的文化创意产业发展水平和令人瞩目的经济富裕度、城市居住质量或优越的自然环境,这类城市在文化创意产业与人居环境的发达程度都有较大开掘空间。不同类型的城市应结合自身的城市级别、区域、特色、禀赋等因素科学合理推进自身的文化创意型宜居城市建设。

为促进城市的人居环境质量科学发展、全面协调优化与可持续发展,为促进发挥文化创意产业提升城市人居环境质量的作用,要明确文化创意产业与人居城市深度融合的战略路径,深化"创意人居城市"在我国创意型、宜居型城市建构中的范式地位和定位目标。人居环境的建设需要文化创意要素,而且后者在现代城市中具有日益凸显的重要性。在城市人居环境的建设中,需要充分强调与开掘文化创意产业的战略地位和转向意义,以文化创意产业的发展为中心驱力,向人居环境质量的各重要因子形成辐射和联动,推进城市人居环境质量的全面优化。通过文化创意产业和创意城市的大力发展、创新探索,营造有益于城市人居质量的创意生态、绿色发展方式、文化创意街区和创意社区、创意生活方式、社会资本、多样化的"创意社群"、地方认同、创意"地点质量"。在城市创意空间的开发、"人文复兴"、智慧资本中,探索和丰富宜居环境的文化内涵。从理念和战略上,在文化创意导向的城市建设和城市更新中,打造"生态环境宜居、社会环境包容、文化取向多元、艺术氛围浓厚、公共空间丰富、城市形象鲜明"的创意导向型人居环境。①

---

① 成砚.建设创意导向型城市人居环境的思考[J].北京规划建设,2012(1):114-119.

附录 城市样本数据

　　样本城市的城市人居环境质量和文化创意产业发展方面的测量指标,经无量纲化转换后,映射到[0,1]的区间内。无量纲化处理公式是:$x* = (x-min)/(max-min)$。其中,$x*$是指标值,x是原始数值,max是该指标所有样本城市中的原始数值的最大值,min是该指标所有样本城市中的原始数值的最小值。各项数据来自《国民经济行业分类》《中国城市统计年鉴》《中国区域经济统计年鉴》《中国城市竞争力年鉴》《中国旅游统计年鉴》和国泰安数据库及各个城市的政府工作报告。其中,"每亿元工业产值的工业二氧化硫排放量"、"每亿元工业产值的工业烟尘排放量"两项指标是对2012年度状况的统计数据,其他指标都是对2013年度状况的统计数据。指标数据涉及城市人居环境质量中的经济富裕度、社会和谐度、生活便适度、文化丰厚度、自然宜人度、绿色发展度,涉及文化创意产业发展中的生产能力、创意阶层、创新能力。

　　样本城市具体如下:北京、天津、石家庄、保定、张家口、承德、太原、忻州、呼和浩特、赤峰、通辽、沈阳、大连、本溪、锦州、盘锦、长春、哈尔滨、上海、南京、徐州、苏州、南通、连云港、淮安、盐城、镇江、泰州、杭州、宁波、温州、湖州、金华、丽水、合肥、芜湖、蚌埠、淮南、铜陵、安庆、黄山、滁州、六安、福州、厦门、莆田、南昌、景德镇、萍乡、吉安、济南、青岛、淄博、泰安、郑州、开封、洛阳、新乡、濮阳、许昌、南阳、信阳、驻马店、武汉、黄石、十堰、宜昌、襄阳、荆州、黄冈、随州、长沙、株洲、湘潭、邵阳、张家界、郴州、永州、怀化、娄底、广州、韶关、深圳、珠海、汕头、江门、肇庆、惠州、梅州、东莞、中山、揭阳、南宁、柳州、桂林、梧州、北海、防城港、钦州、玉林、河池、崇左、海口、三亚、重庆、成都、绵阳、达州、贵阳、安顺、昆明、丽江、西安、榆林、商洛、兰州、嘉峪关、金昌、白银、天水、武威、张掖、酒泉、定西、陇南、乌鲁木齐、克拉玛依。

附表 1

城市	第三产业占GDP的比重	人均地区生产总值和职工平均工资的综合	每万人社会消费品零售额	民众对政府满意度	民众对社会安全满意度	社会保障覆盖率和失业保险参保率综合	每万人拥有的医生数	互联网用户普及率	人均城市实有道路面积	人均居住用地面积	人均用水和用电量综合
北京市	1.000 00	0.881 70	0.762 84	0.690 56	0.691 98	0.682 46	1.000 00	0.792 75	0.166 04	0.466 49	0.496 69
天津市	0.487 00	0.653 90	0.525 32	0.379 37	0.405 06	0.259 77	0.421 17	0.460 10	0.286 06	0.311 49	0.242 53
石家庄市	0.370 00	0.193 83	0.216 10	0.258 74	0.368 50	0.084 75	0.334 89	0.521 24	0.101 03	0.128 69	0.060 09
保定市	0.193 00	0.099 06	0.102 01	0.080 42	0.208 16	0.039 17	0.170 97	0.372 02	0.043 21	0.039 79	0.029 10
张家口市	0.336 00	0.078 51	0.104 72	0.075 18	0.139 24	0.078 73	0.131 24	0.330 57	0.061 87	0.053 32	0.038 06
承德市	0.208 00	0.144 13	0.100 72	0.041 96	0.263 01	0.061 21	0.219 18	0.339 90	0.048 35	0.066 66	0.035 71
太原市	0.607 00	0.301 32	0.405 23	0.054 20	0.310 83	0.217 99	0.761 04	0.803 11	0.222 94	0.275 54	0.305 88
忻州市	0.349 00	0.077 16	0.069 86	0.097 90	0.158 93	0.059 55	0.525 58	0.401 04	0.032 23	0.042 47	0.017 63
呼和浩特市	0.754 00	0.411 83	0.578 70	0.089 16	0.195 50	0.162 80	0.266 66	0.414 51	0.212 45	0.575 15	0.164 34
赤峰市	0.227 00	0.227 55	0.112 63	0.125 87	0.146 27	0.051 51	0.261 61	0.224 87	0.078 96	0.115 43	0.040 90
通辽市	0.128 00	0.205 65	0.115 76	0.064 69	0.163 15	0.055 17	0.224 40	0.230 05	0.060 35	0.092 94	0.037 22
沈阳市	0.412 00	0.398 25	0.516 53	0.276 22	0.300 98	0.190 05	0.425 35	0.649 74	0.246 09	0.329 76	0.244 81
大连市	0.395 00	0.534 50	0.502 78	0.237 76	0.338 96	0.240 65	0.379 98	0.700 52	0.167 76	0.347 83	0.167 39
本溪市	0.257 00	0.250 78	0.214 41	0.062 94	0.233 47	0.265 33	0.204 77	0.533 68	0.152 41	0.287 29	0.104 00
锦州市	0.275 00	0.148 82	0.172 42	0.113 64	0.156 12	0.113 02	0.154 63	0.488 08	0.076 71	0.252 93	0.089 48
盘锦市	0.060 00	0.288 79	0.247 99	0.099 65	0.175 81	0.265 50	0.390 67	0.444 56	0.162 58	0.304 06	0.117 45
长春市	0.348 00	0.314 67	0.297 08	0.169 58	0.345 99	0.131 29	0.292 39	0.422 80	0.205 65	0.252 86	0.100 46
哈尔滨市	0.585 00	0.229 23	0.312 52	0.297 20	0.313 64	0.105 86	0.256 71	1.000 00	0.106 56	0.180 70	0.127 23
上海市	0.740 00	0.867 06	0.670 71	1.000 00	1.000 00	0.404 32	0.427 42	0.699 48	0.157 38	0.384 60	0.614 57
南京市	0.600 00	0.584 76	0.654 54	0.599 65	0.479 61	0.318 31	0.424 61	0.921 24	0.461 83	0.496 27	0.475 78

（续表）

城市	第三产业占GDP的比重	人均地区生产总值和城镇职工平均工资的综合	每万人社会消费品零售额	民众对政府满意度	民众对社会安全满意度	社会保障覆盖率和失业保险参保率综合	每万人拥有的医生数	互联网用户普及率	人均城市实有道路面积	人均居住用地面积	人均用水和用电量综合
徐州市	0.388 00	0.211 13	0.156 35	0.250 00	0.257 38	0.066 01	0.145 08	0.318 13	0.081 67	0.066 23	0.061 92
苏州市	0.446 00	0.727 24	0.668 19	0.784 97	0.783 40	0.434 10	0.512 17	0.653 89	0.282 60	0.299 66	0.293 92
南通市	0.363 00	0.366 65	0.286 42	0.367 13	0.398 03	0.105 67	0.219 22	0.508 81	0.111 25	0.127 01	0.137 51
连云港市	0.349 00	0.179 42	0.128 32	0.204 55	0.298 17	0.050 75	0.121 35	0.407 25	0.073 08	0.233 41	0.050 20
淮安市	0.375 00	0.185 27	0.133 79	0.187 06	0.257 38	0.084 73	0.217 12	0.296 37	0.113 67	0.209 09	0.105 38
盐城市	0.323 00	0.175 85	0.147 22	0.132 87	0.279 89	0.066 23	0.182 56	0.405 18	0.041 90	0.042 99	0.039 69
镇江市	0.391 00	0.441 72	0.370 63	0.187 06	0.293 95	0.158 15	0.326 75	0.472 54	0.177 27	0.200 70	0.171 10
泰州市	0.358 00	0.248 40	0.176 60	0.160 84	0.312 24	0.099 16	0.193 38	0.351 30	0.095 96	0.123 53	0.061 69
杭州市	0.574 00	0.556 60	0.593 07	0.367 13	0.524 61	0.398 63	0.596 58	0.839 38	0.174 94	0.237 44	0.334 48
宁波市	0.409 00	0.552 72	0.536 53	0.559 44	0.471 17	0.371 78	0.463 83	0.939 90	0.110 45	0.198 24	0.219 86
温州市	0.465 00	0.299 40	0.300 73	0.531 47	0.402 25	0.112 82	0.320 25	0.614 51	0.071 46	0.058 94	0.119 86
湖州市	0.347 00	0.314 30	0.334 59	0.288 46	0.451 48	0.188 15	0.301 00	0.582 38	0.176 31	0.176 51	0.131 82
金华市	0.458 00	0.329 01	0.341 20	0.171 33	0.300 98	0.130 76	0.357 13	0.655 96	0.072 10	0.048 72	0.059 26
丽水市	0.357 00	0.308 04	0.169 90	0.033 22	0.243 32	0.064 17	0.253 45	0.465 28	0.031 63	0.047 77	0.047 71
合肥市	0.334 00	0.328 51	0.230 43	0.276 22	0.291 14	0.118 35	0.265 48	0.356 48	0.175 15	0.235 65	0.208 29
芜湖市	0.126 00	0.219 56	0.152 71	0.136 36	0.226 44	0.074 22	0.178 72	0.354 40	0.190 36	0.130 91	0.120 18
蚌埠市	0.197 00	0.129 18	0.115 71	0.169 58	0.206 75	0.048 84	0.125 99	0.775 13	0.097 21	0.152 18	0.077 53
淮南市	0.164 00	0.283 33	0.120 46	0.068 18	0.095 64	0.099 82	0.217 28	0.348 19	0.136 23	0.275 31	0.138 83
铜陵市	0.096 00	0.351 84	0.232 33	0.064 69	0.208 16	0.175 27	0.339 96	0.423 83	0.153 08	0.386 26	0.255 26

（续表）

城市	第三产业占GDP的比重	人均地区生产总值和职工平均工资的综合	每万人社会消费品零售额	民众对政府满意度	民众对社会安全满意度	社会保障覆盖率和失业保险参保率综合	每万人拥有的医生数	互联网用户普及率	人均城市实有道路面积	人均居住用地面积	人均用水和用电量综合
安庆市	0.212 00	0.090 55	0.076 33	0.110 14	0.104 08	0.026 90	0.098 23	0.271 50	0.034 84	0.064 26	0.026 24
黄山市	0.391 00	0.147 78	0.137 06	0.089 16	0.139 24	0.051 76	0.211 79	0.426 94	0.106 31	0.160 43	0.075 61
滁州市	0.127 00	0.144 20	0.065 24	0.284 97	0.158 93	0.035 48	0.090 58	0.253 89	0.073 06	0.086 24	0.024 78
六安市	0.208 00	0.076 14	0.046 95	0.050 70	0.150 49	0.013 04	0.058 35	0.188 60	0.033 55	0.031 61	0.022 71
福州市	0.447 00	0.335 73	0.480 36	0.256 99	0.333 33	0.137 87	0.313 64	0.585 49	0.087 05	0.226 86	0.190 18
厦门市	0.550 00	0.587 52	0.587 39	0.496 50	0.478 20	0.795 51	0.632 03	0.847 67	0.421 67	0.542 58	0.669 06
莆田市	0.255 00	0.174 20	0.136 87	0.188 81	0.288 33	0.056 74	0.106 62	0.493 26	0.052 19	0.058 20	0.109 38
南昌市	0.341 00	0.263 97	0.247 76	0.335 66	0.293 95	0.100 83	0.253 37	0.469 43	0.153 71	0.212 05	0.210 39
景德镇市	0.238 00	0.120 16	0.131 08	0.090 91	0.236 29	0.075 66	0.153 92	0.313 99	0.108 00	0.149 77	0.113 16
萍乡市	0.230 00	0.130 35	0.124 30	0.090 91	0.236 29	0.090 96	0.226 96	0.288 08	0.076 79	0.116 78	0.076 18
吉安市	0.196 00	0.088 40	0.044 95	0.061 19	0.285 51	0.032 94	0.100 81	0.246 63	0.027 00	0.010 64	0.017 13
济南市	0.616 00	0.391 40	0.527 87	0.578 67	0.537 27	0.183 76	0.511 07	0.606 22	0.280 40	0.241 27	0.193 32
青岛市	0.524 00	0.436 07	0.451 68	0.660 84	0.586 50	0.202 80	0.407 85	0.658 03	0.233 40	0.095 13	0.141 94
淄博市	0.331 00	0.329 69	0.430 14	0.281 47	0.258 79	0.163 29	0.374 96	0.454 92	0.198 13	0.298 42	0.135 42
泰安市	0.374 00	0.207 66	0.206 12	0.276 22	0.320 68	0.097 43	0.252 95	0.347 15	0.064 74	0.119 25	0.037 25
郑州市	0.374 00	0.253 93	0.321 55	0.111 89	0.326 30	0.111 45	0.253 11	0.611 40	0.092 26	0.138 86	0.142 01
开封市	0.250 00	0.061 03	0.101 51	0.085 67	0.158 93	0.032 71	0.460 42	0.292 23	0.050 37	0.144 68	0.038 29
洛阳市	0.243 00	0.158 58	0.199 59	0.069 93	0.144 87	0.079 84	0.226 48	0.411 40	0.071 13	0.133 30	0.075 59
新乡市	0.191 00	0.055 13	0.083 67	0.106 64	0.194 09	0.057 80	0.109 19	0.352 33	0.034 73	0.071 89	0.040 17

（续表）

城市	第三产业占GDP的比重	人均地区生产总值和职工平均工资综合	每万人社会消费品零售额	民众对政府满意度	民众对社会安全满意度	社会保障覆盖率社会和失业保险参保率综合	每万人拥有的医生数	互联网用户普及率	人均城市实有道路面积	人均居住用地面积	人均用水和用电量综合
濮阳市	0.000 00	0.086 70	0.080 47	0.029 72	0.070 32	0.053 70	0.140 76	0.263 21	0.030 45	0.046 18	0.030 66
许昌市	0.047 00	0.100 55	0.108 47	0.066 43	0.091 42	0.040 58	0.179 91	0.321 24	0.022 47	0.099 09	0.024 51
南阳市	0.190 00	0.059 13	0.100 79	0.125 87	0.113 92	0.041 81	0.082 55	0.208 29	0.032 26	0.026 46	0.026 10
信阳市	0.220 00	0.036 97	0.069 20	0.108 39	0.187 06	0.018 00	0.043 89	0.259 07	0.005 10	0.020 65	0.021 18
驻马店市	0.178 00	0.016 30	0.052 86	0.110 14	0.073 14	0.032 16	0.095 96	0.176 17	0.021 36	0.007 63	0.009 73
武汉市	0.481 00	0.439 32	0.564 06	0.277 97	0.338 96	0.200 36	0.453 26	0.762 69	0.233 58	0.430 46	0.453 32
黄石市	0.174 00	0.094 71	0.190 18	0.068 18	0.092 83	0.120 97	0.179 00	0.360 62	0.121 96	0.106 01	0.140 77
十堰市	0.275 00	0.074 50	0.145 46	0.059 44	0.094 23	0.060 40	0.286 59	0.346 11	0.055 80	0.079 59	0.086 87
宜昌市	0.130 00	0.159 75	0.238 92	0.131 12	0.222 22	0.118 41	0.274 28	0.374 09	0.097 99	0.129 14	0.085 27
襄阳市	0.148 00	0.061 17	0.165 00	0.122 38	0.177 22	0.065 08	0.164 12	0.293 26	0.062 43	0.093 62	0.080 23
荆州市	0.192 00	0.055 56	0.110 50	0.066 43	0.108 30	0.039 53	0.120 69	0.281 87	0.025 62	0.025 97	0.038 93
黄冈市	0.239 00	0.000 00	0.075 44	0.047 20	0.112 52	0.031 26	0.516 52	0.220 73	0.018 98	0.004 49	0.015 11
随州市	0.215 00	0.042 12	0.121 39	0.059 44	0.225 04	0.031 67	0.104 07	0.271 50	0.036 68	0.069 11	0.043 56
长沙市	0.356 00	0.456 24	0.497 32	0.125 87	0.227 85	0.131 43	0.467 69	0.523 32	0.100 44	0.264 79	0.374 32
株洲市	0.201 00	0.217 43	0.177 09	0.062 94	0.122 36	0.066 17	0.236 86	0.324 35	0.102 25	0.167 27	0.126 60
湘潭市	0.212 00	0.192 20	0.142 35	0.113 64	0.143 46	0.090 39	0.256 36	0.271 50	0.104 47	0.134 46	0.093 95
邵阳市	0.320 00	0.038 92	0.038 05	0.085 67	0.164 56	0.026 81	0.025 23	0.164 77	0.021 20	0.017 15	0.025 09
张家界市	0.738 00	0.075 14	0.061 84	0.085 67	0.215 19	0.039 73	0.135 17	0.382 38	0.060 07	0.076 13	0.054 63
郴州市	0.213 00	0.129 18	0.123 65	0.059 44	0.098 45	0.040 92	0.156 21	0.234 20	0.032 98	0.053 21	0.049 93

（续表）

城市	第三产业占GDP的比重	人均地区生产总值和职工平均工资的综合	每万人社会消费品零售额	民众对政府满意度	民众对社会安全满意度	社会保障覆盖率和失业保险参保率综合	每万人拥有的医生生数	互联网用户普及率	人均城市实有道路面积	人均居住用地面积	人均用水和用电量综合
永州市	0.336 00	0.061 46	0.046 48	0.055 94	0.180 03	0.024 68	0.088 22	0.191 71	0.019 74	0.018 13	0.028 55
怀化市	0.379 00	0.066 08	0.063 44	0.097 90	0.174 40	0.043 07	0.287 93	0.230 05	0.013 80	0.029 89	0.022 27
娄底市	0.191 00	0.098 27	0.067 74	0.055 94	0.223 63	0.050 90	0.107 28	0.212 44	0.016 79	0.058 21	0.046 20
广州市	0.782 00	0.804 55	1.000 00	0.571 68	0.555 56	0.462 66	0.695 41	1.000 00	0.284 03	0.380 38	0.834 18
韶关市	0.426 00	0.158 81	0.150 22	0.339 16	0.464 14	0.079 32	0.096 75	0.370 98	0.046 18	0.136 78	0.104 44
深圳市	0.638 00	0.712 52	0.490 33	0.874 13	0.767 93	1.000 00	0.280 69	0.817 62	0.248 92	0.321 52	0.971 58
珠海市	0.457 00	0.571 69	0.796 67	0.351 40	0.385 37	0.710 89	0.677 57	0.979 27	1.000 00	0.660 16	0.786 12
汕头市	0.383 00	0.134 89	0.238 49	0.281 47	0.416 32	0.131 19	0.139 97	0.474 61	0.120 35	0.148 74	0.202 89
江门市	0.369 00	0.193 20	0.257 56	0.251 75	0.229 25	0.216 42	0.214 94	0.491 19	0.127 54	0.166 17	0.127 28
肇庆市	0.282 00	0.176 94	0.114 28	0.157 34	0.361 46	0.084 57	0.101 46	0.067 36	0.052 11	0.075 54	0.062 51
惠州市	0.291 00	0.299 78	0.282 28	0.187 06	0.206 75	0.321 54	0.358 84	0.561 66	0.139 16	0.301 36	0.241 95
梅州市	0.401 00	0.075 66	0.078 24	0.150 35	0.524 61	0.042 77	0.062 13	0.261 14	0.028 20	0.022 47	0.031 01
东莞市	0.589 00	0.339 87	0.333 91	0.416 08	0.476 79	0.969 98	0.372 41	0.713 99	0.468 65	0.089 80	1.000 00
中山市	0.380 00	0.398 81	0.441 38	0.297 20	0.175 81	0.685 14	0.312 84	0.775 13	0.098 58	0.256 27	0.548 25
揭阳市	0.117 00	0.114 60	0.091 40	0.185 32	0.199 72	0.080 33	0.072 31	0.259 07	0.017 18	0.036 77	0.083 95
南宁市	0.484 00	0.219 01	0.220 67	0.120 63	0.185 65	0.058 29	0.292 45	1.000 00	0.108 66	0.172 91	0.213 35
柳州市	0.142 00	0.234 13	0.224 87	0.094 41	0.203 94	0.076 18	0.270 33	0.483 94	0.108 27	0.190 18	0.176 91
桂林市	0.239 00	0.134 57	0.115 56	0.145 11	0.229 25	0.046 43	0.197 32	0.415 54	0.033 60	0.035 66	0.083 14
梧州市	0.030 00	0.053 57	0.079 74	0.110 14	0.195 50	0.036 98	0.137 79	0.282 90	0.036 41	0.037 68	0.049 69

（续表）

城市	第三产业占GDP的比重	人均地区生产总值和职工平均工资的综合	每万人社会消费品零售额	民众对政府满意度	民众对社会安全满意度	社会保障覆盖率和失业保险参保率综合	每万人拥有的医生数	互联网用户普及率	人均城市实有道路面积	人均居住用地面积	人均用水和用电量综合
北海市	0.161 00	0.158 75	0.094 22	0.059 44	0.167 37	0.063 34	0.184 19	0.473 58	0.113 29	0.236 13	0.130 44
防城港市	0.176 00	0.195 27	0.080 49	0.090 91	0.313 64	0.049 94	0.169 03	0.412 44	0.153 09	0.068 12	0.104 93
钦州市	0.234 00	0.063 20	0.055 91	0.122 38	0.261 72	0.008 10	0.208 17	0.249 74	0.057 42	0.083 77	0.041 42
玉林市	0.268 00	0.059 10	0.057 28	0.073 43	0.184 25	0.015 81	0.047 75	0.266 32	0.025 56	0.040 04	0.032 59
河池市	0.322 00	0.048 72	0.031 41	0.153 85	0.218 00	0.022 78	0.090 62	0.274 61	0.005 74	0.001 98	0.023 18
崇左市	0.201 00	0.055 64	0.020 23	0.157 34	0.208 16	0.027 26	0.081 42	0.239 38	0.012 01	0.004 88	0.015 41
海口市	0.871 00	0.226 81	0.345 02	0.201 05	0.296 77	0.379 15	0.553 68	0.704 66	0.205 69	0.493 73	0.417 69
三亚市	0.823 00	0.270 54	0.237 74	0.169 58	0.225 04	0.274 27	0.325 74	0.463 21	0.158 97	0.561 54	0.485 08
重庆市	0.371 00	0.228 86	0.141 93	0.407 34	0.441 63	0.094 68	0.151 67	1.000 00	0.083 18	0.125 54	0.126 64
成都市	0.526 00	0.393 96	0.364 45	0.260 49	0.447 26	0.227 69	0.537 27	0.442 49	0.141 61	0.231 40	0.254 58
绵阳市	0.205 00	0.178 00	0.119 27	0.181 82	0.165 96	0.046 95	0.208 48	0.337 82	0.059 75	0.069 88	0.066 99
达州市	0.085 00	0.079 83	0.060 83	0.125 87	0.000 00	0.023 61	0.021 92	0.218 65	0.001 48	0.009 40	0.015 47
贵阳市	0.618 00	0.271 96	0.229 33	0.104 90	0.236 29	0.140 23	0.449 34	0.496 37	0.095 24	0.221 40	0.338 96
安顺市	0.477 00	0.126 90	0.020 16	0.076 92	0.116 74	0.023 77	0.028 35	0.219 69	0.028 35	0.048 33	0.043 58
昆明市	0.523 00	0.293 27	0.358 75	0.384 62	0.562 59	0.163 80	0.569 71	0.554 40	0.162 74	0.624 61	0.186 93
丽江市	0.320 00	0.109 64	0.049 11	0.027 97	0.075 95	0.017 71	0.116 20	0.221 76	0.028 98	0.033 66	0.033 39
西安市	0.561 00	0.316 64	0.364 30	0.246 50	0.350 21	0.180 28	0.380 62	0.672 54	0.198 93	0.209 31	0.286 74

（续表）

城市	第三产业占GDP的比重	人均地区生产总值和职工平均工资的综合	每万人社会消费品零售额	民众对政府满意度	民众对社会安全满意度	社会保障覆盖率和失业保险参保率综合	每万人拥有的医生数	互联网用户普及率	人均城市实有道路面积	人均居住用地面积	人均用水和用电量综合
榆林市	0.083 00	0.389 94	0.070 11	0.083 92	0.164 56	0.040 14	0.129 29	0.294 30	0.029 49	0.120 55	0.019 19
商洛市	0.208 00	0.032 55	0.032 05	0.006 99	0.012 66	0.041 47	0.111 77	0.193 78	0.011 24	0.004 43	0.015 82
兰州市	0.541 00	0.241 74	0.256 31	0.290 21	0.277 07	0.129 24	0.401 30	0.391 71	0.180 03	0.196 94	0.195 79
嘉峪关市	0.057 00	0.400 06	0.170 98	0.153 85	0.167 37	0.213 50	0.489 16	0.720 21	0.379 40	0.907 60	0.292 53
金昌市	0.007 00	0.256 42	0.123 78	0.131 12	0.170 18	0.127 98	0.321 16	0.363 73	0.225 15	0.229 01	0.721 40
白银市	0.235 00	0.140 93	0.066 98	0.155 60	0.135 02	0.049 63	0.118 40	0.219 69	0.077 24	0.139 36	0.143 19
天水市	0.420 00	0.054 07	0.037 41	0.076 92	0.168 78	0.031 00	0.055 03	0.158 55	0.031 08	0.017 66	0.098 83
武威市	0.220 00	0.044 43	0.049 09	0.038 46	0.070 32	0.021 71	0.369 10	0.132 64	0.034 12	0.084 80	0.047 90
张掖市	0.325 00	0.070 03	0.072 05	0.006 99	0.067 51	0.039 40	0.193 29	0.270 47	0.068 91	0.182 85	0.048 94
酒泉	0.280 00	0.220 06	0.127 93	0.000 00	0.068 92	0.066 99	0.299 94	0.000 00	0.090 26	0.129 60	0.056 33
定西	0.433 00	0.033 13	0.005 84	0.085 67	0.180 03	0.018 24	0.067 97	0.116 06	0.011 83	0.000 00	0.000 00
陇南市	0.445 00	0.038 32	0.000 00	0.077 97	0.174 40	0.000 00	0.000 00	0.118 13	0.000 00	0.019 24	0.209 26
乌鲁木齐市	0.684 00	0.394 57	0.430 46	0.188 81	0.205 34	0.247 93	0.732 59	1.000 00	0.255 25	0.836 30	0.389 28
克拉玛依市	0.032 00	0.999 99	0.147 28	0.080 42	0.139 24	0.384 86	0.245 70	0.482 90	0.588 13	1.000 00	0.345 51

附表 2

城市	名胜古迹指数	剧场歌剧院总数与人均数之综合	剧场和歌剧院个数	公共图书馆藏书量的总量与人均之综合	公共图书馆藏书总量	高校数量	山水优美度	气候环境舒适度	每亿元工业产值的工业二氧化硫排放量	每亿元工业产值的工业烟尘排放量	建成区绿化覆盖率
北京市	1.000 00	1.000 0	1.000 0	0.756 1	0.731 92	1.000 00	0.331 45	0.381 11	0.976 49	0.976 54	0.974 94
天津市	0.451 84	0.118 4	0.103 3	0.227 1	0.195 77	0.617 78	0.333 71	0.566 67	0.948 59	0.973 08	1.000 00
石家庄市	0.111 77	0.080 1	0.070 1	0.082 6	0.071 19	0.527 78	0.069 00	0.517 78	0.867 15	0.859 80	0.984 05
保定市	0.105 83	0.132 5	0.125 5	0.029 0	0.026 70	0.157 78	0.288 46	0.506 67	0.917 01	0.922 02	0.963 55
张家口市	0.063 02	0.015 8	0.007 4	0.029 6	0.016 69	0.056 67	0.226 24	0.468 89	0.739 17	0.814 76	0.959 00
承德市	0.013 08	0.134 6	0.059 0	0.020 5	0.010 01	0.055 67	0.226 24	0.514 44	0.776 21	0.854 42	0.981 78
太原市	0.299 64	0.154 5	0.066 4	0.013 9	0.006 67	0.483 33	0.213 80	0.363 33	0.831 40	0.865 50	0.945 33
忻州市	0.026 16	0.138 6	0.051 7	0.023 5	0.010 01	0.044 44	0.319 00	0.321 11	0.650 96	0.000 00	0.000 00
呼和浩特市	0.346 02	0.164 7	0.048 0	0.120 3	0.041 16	0.258 89	0.250 00	0.273 33	0.800 15	0.928 94	1.000 00
赤峰市	0.087 99	0.051 1	0.025 8	0.017 9	0.010 01	0.033 33	0.255 66	0.230 00	0.743 58	0.912 07	0.949 89
通辽市	0.105 83	0.050 9	0.018 5	0.028 1	0.012 24	0.033 33	0.307 69	0.248 89	0.859 16	0.546 80	0.824 60
沈阳市	0.601 66	0.227 6	0.162 4	0.223 1	0.163 52	0.494 44	0.297 51	0.494 44	0.954 62	0.951 93	0.924 83
大连市	0.497 03	0.030 4	0.018 5	0.247 4	0.161 29	0.347 78	0.761 31	1.000 00	0.948 89	0.955 24	0.902 05
本溪市	0.219 98	0.083 0	0.014 8	0.055 5	0.013 35	0.033 33	0.426 47	0.325 56	0.814 52	0.712 44	0.658 31
锦州市	0.115 34	0.062 8	0.022 1	0.042 4	0.017 80	0.101 11	0.418 55	0.213 33	0.874 45	0.825 09	0.888 38
盘锦市	0.149 82	0.056 3	0.007 4	0.549 3	0.114 57	0.022 22	0.395 93	0.335 56	0.966 64	0.980 77	0.879 27
长春市	0.000 00	0.146 7	0.107 0	0.163 9	0.122 36	0.404 44	0.093 89	0.378 89	0.954 95	0.948 67	0.922 55
哈尔滨市	0.487 51	0.337 6	0.291 5	0.027 2	0.023 36	0.562 22	0.295 25	0.415 56	0.919 46	0.899 36	0.824 60
上海市	0.550 54	0.406 3	0.424 4	1.000 0	1.000 00	0.741 11	0.653 85	0.834 44	0.948 07	0.963 84	0.959 00
南京市	0.984 54	0.297 5	0.195 6	0.290 9	0.199 11	0.472 22	0.600 68	0.670 00	0.940 01	0.960 68	0.902 05

（续表）

城市	名胜古迹指数	剧场歌剧院的总数与人均数之综合	剧场和歌剧院个数	公共图书馆的总藏书量与人均之综合	公共图书馆藏书总量	高校数量	山水优美度	气候环境舒适度	每亿元工业产值的工业二氧化硫排放量	每亿元工业产值的工业烟尘排放量	建成区绿化覆盖率
徐州市	0.436 39	0.033 1	0.029 5	0.039 9	0.034 48	0.090 00	0.490 95	0.614 44	0.882 70	0.927 37	0.979 50
苏州市	0.718 19	0.161 1	0.107 0	0.159 4	0.110 12	0.224 44	0.857 47	0.866 67	0.953 55	0.973 66	0.990 89
南通市	0.385 26	0.144 9	0.107 0	0.062 0	0.046 72	0.067 78	0.542 99	0.826 67	0.953 83	0.953 65	0.986 33
连云港市	0.382 88	0.040 2	0.022 1	0.046 1	0.027 81	0.033 33	0.531 67	0.570 00	0.912 44	0.931 21	0.961 28
淮安市	0.366 23	0.094 2	0.055 4	0.032 0	0.020 02	0.067 78	0.484 16	0.590 00	0.916 94	0.932 71	1.000 00
盐城市	0.235 43	0.061 8	0.048 0	0.035 5	0.027 81	0.056 67	0.447 96	0.643 33	0.957 24	0.951 59	0.849 66
镇江市	0.275 86	0.037 6	0.011 1	0.078 2	0.030 03	0.056 67	0.471 72	0.416 67	0.920 91	0.961 08	0.970 39
泰州市	0.111 77	0.126 8	0.070 1	0.039 3	0.023 36	0.033 33	0.490 95	0.454 44	0.942 64	0.962 37	0.945 33
杭州市	0.895 36	0.311 0	0.217 7	0.288 2	0.208 01	0.426 67	0.946 83	0.831 11	0.959 20	0.970 03	0.936 22
宁波市	0.612 37	0.283 3	0.173 4	0.164 0	0.105 67	0.157 78	0.676 47	0.852 22	0.932 94	0.971 47	0.906 61
温州市	0.322 24	0.043 2	0.033 2	0.089 0	0.068 97	0.067 78	0.528 28	0.735 56	0.968 50	0.968 37	0.915 72
湖州市	0.380 50	0.049 9	0.014 8	0.095 2	0.035 60	0.033 33	0.458 14	0.660 00	0.929 82	0.910 56	0.920 27
金华市	0.175 98	0.133 7	0.070 1	0.050 9	0.028 92	0.090 00	0.538 46	0.671 11	0.952 53	0.934 13	0.908 88
丽水市	0.186 68	0.225 3	0.073 8	0.059 2	0.022 25	0.033 33	0.446 83	0.720 00	0.902 04	0.897 22	0.922 55
合肥市	0.346 02	0.209 9	0.147 6	0.096 7	0.070 08	0.538 89	0.338 24	0.643 33	0.969 49	0.946 75	0.922 55
芜湖市	0.123 66	0.067 9	0.029 5	0.027 0	0.013 35	0.123 33	0.303 17	0.428 89	0.954 02	0.882 88	0.986 33
蚌埠市	0.210 46	0.053 7	0.022 1	0.011 6	0.005 56	0.044 44	0.247 74	0.398 89	0.936 99	0.941 04	0.995 44
淮南市	0.140 31	0.006 5	0.000 0	0.009 5	0.003 34	0.056 67	0.382 35	0.376 67	0.767 20	0.855 52	0.963 55
铜陵市	0.189 06	0.097 5	0.007 4	0.052 6	0.006 67	0.033 33	0.297 51	0.277 78	0.865 65	0.871 36	0.990 89

（续表）

城市	名胜古迹指数	剧场歌剧院的总数与人均数之综合	剧场和歌剧院个数	公共图书馆藏书量的总量与人均量之综合	公共图书馆藏书总量	高校数量	山水优美度	气候环境舒适度	每亿元工业产值的工业二氧化硫排放量	每亿元工业产值的工业烟尘排放量	建成区绿化覆盖率
安庆市	0.189 06	0.138 1	0.088 6	0.021 5	0.014 46	0.056 67	0.371 04	0.338 89	0.960 61	0.953 54	0.959 00
黄山市	0.195 01	0.176 5	0.033 2	0.028 5	0.006 67	0.022 22	0.380 09	0.394 44	0.974 34	0.971 15	1.000 00
滁州市	0.145 07	0.009 2	0.003 7	0.014 2	0.007 79	0.044 44	0.356 33	0.358 89	0.946 60	0.781 33	0.988 61
六安市	0.212 84	0.000 0	0.000 0	0.009 2	0.006 67	0.056 67	0.366 52	0.322 22	0.948 86	0.897 32	0.810 93
福州市	0.541 02	0.166 4	0.110 7	0.064 3	0.044 49	0.347 78	0.642 53	0.777 78	0.937 91	0.941 17	0.902 05
厦门市	0.386 44	0.065 2	0.014 8	0.220 4	0.065 63	0.191 11	0.765 84	0.913 33	0.977 74	0.994 55	1.000 00
莆田市	0.246 14	0.031 0	0.011 1	0.012 4	0.005 56	0.022 22	0.673 08	0.741 11	0.968 75	0.979 57	0.945 33
南昌市	0.607 61	0.054 0	0.029 5	0.011 2	0.006 67	0.483 33	0.394 80	0.551 11	0.959 28	0.980 18	0.881 55
景德镇市	0.318 67	0.060 0	0.011 1	0.038 6	0.010 01	0.033 33	0.355 20	0.520 00	0.878 61	0.902 41	0.908 88
萍乡市	0.263 97	0.123 3	0.029 5	0.090 9	0.026 70	0.011 11	0.343 89	0.471 11	0.679 23	0.696 23	0.863 33
吉安市	0.317 48	0.172 7	0.095 9	0.048 6	0.028 92	0.011 11	0.316 74	0.491 11	0.888 47	0.903 66	0.847 38
济南市	0.732 46	0.139 5	0.088 6	0.213 8	0.142 38	0.808 89	0.452 49	0.513 33	0.912 56	0.915 66	0.993 17
青岛市	0.719 38	0.193 8	0.143 9	0.088 1	0.066 74	0.246 67	0.626 70	0.907 78	0.965 50	0.976 07	0.961 28
淄博市	0.291 32	0.054 9	0.025 8	0.067 3	0.035 60	0.101 11	0.484 16	0.638 89	0.823 99	0.908 78	1.000 00
泰安市	0.223 54	0.019 5	0.011 1	0.026 5	0.016 69	0.090 00	0.433 26	0.544 44	0.909 69	0.952 16	0.961 28
郑州市	0.107 02	0.057 5	0.048 0	0.105 0	0.086 76	0.573 33	0.268 10	0.324 44	0.929 24	0.950 64	0.961 28
开封市	0.074 91	0.032 1	0.018 5	0.016 0	0.010 01	0.033 33	0.089 37	0.341 11	0.872 87	0.868 72	0.902 05
洛阳市	0.979 79	0.128 3	0.088 6	0.029 6	0.021 13	0.033 33	0.162 90	0.260 00	0.869 03	0.914 71	0.979 50
新乡市	0.079 67	0.051 9	0.033 2	0.021 5	0.014 46	0.112 22	0.152 71	0.386 67	0.897 33	0.950 83	0.961 28

（续表）

城市	名胜古迹指数	剧场歌剧院数的总数与人均之综合	剧场和歌剧院个数	公共图书馆藏书量的总量与人均之综合	公共图书馆藏书总量	高校数量	山水优美度	气候环境舒适度	每亿元工业产值的工业二氧化硫排放量	每亿元工业产值的工业烟尘排放量	建成区绿化覆盖率
濮阳市	0.041 62	0.032 9	0.014 8	0.012 8	0.006 67	0.011 11	0.190 05	0.368 89	0.943 72	0.933 75	0.899 77
许昌市	0.060 64	0.034 9	0.018 5	0.022 7	0.013 35	0.044 44	0.144 80	0.398 89	0.946 98	0.960 96	0.988 61
南阳市	0.054 70	0.045 8	0.044 3	0.021 7	0.020 02	0.056 67	0.159 50	0.261 11	0.910 89	0.951 08	0.965 83
信阳市	0.058 26	0.036 8	0.029 5	0.013 9	0.011 12	0.056 67	0.124 43	0.335 56	0.902 02	0.965 99	0.906 61
驻马店市	0.076 10	0.044 8	0.036 9	0.009 5	0.007 79	0.022 22	0.087 10	0.234 44	0.917 96	0.904 30	0.835 99
武汉市	0.557 67	0.546 0	0.420 7	0.211 9	0.165 74	0.877 78	0.433 26	0.638 89	0.960 55	0.984 72	0.984 05
黄石市	0.130 80	0.060 9	0.018 5	0.038 7	0.014 46	0.033 33	0.515 84	0.597 78	0.792 15	0.896 56	0.974 94
十堰市	0.210 46	0.030 0	0.011 1	0.031 5	0.014 46	0.078 89	0.524 89	0.582 22	0.941 75	0.884 66	0.974 94
宜昌市	0.171 22	0.175 9	0.081 2	0.048 2	0.024 47	0.056 67	0.530 54	0.633 33	0.932 93	0.970 40	0.995 44
襄阳市	0.167 66	0.047 9	0.029 5	0.028 9	0.018 91	0.056 67	0.501 13	0.561 11	0.949 73	0.962 49	0.915 72
荆州市	0.313 91	0.049 8	0.033 2	0.022 4	0.015 57	0.090 00	0.467 19	0.654 44	0.858 32	0.917 78	0.902 05
黄冈市	0.110 58	0.136 8	0.099 6	0.031 3	0.023 36	0.044 44	0.471 72	0.623 33	0.931 53	0.841 18	0.847 38
随州市	0.153 39	0.073 1	0.022 1	0.084 5	0.031 15	0.011 11	0.507 92	0.607 78	0.976 70	0.866 41	0.804 10
长沙市	0.278 24	0.082 7	0.055 4	0.196 5	0.136 82	0.622 22	0.273 76	0.384 44	0.990 90	0.990 21	0.820 05
株洲市	0.077 29	0.010 5	0.003 7	0.032 9	0.016 69	0.090 00	0.392 53	0.443 33	0.947 13	0.983 81	0.922 55
湘潭市	0.129 61	0.096 3	0.033 2	0.035 9	0.014 46	0.101 11	0.306 56	0.463 33	0.912 43	0.906 21	0.938 50
邵阳市	0.292 51	0.038 3	0.029 5	0.025 8	0.020 02	0.033 33	0.317 87	0.485 56	0.932 54	0.857 53	0.879 27
张家界市	0.765 76	0.122 2	0.025 8	0.004 2	0.001 11	0.033 33	1.000 00	0.467 78	0.616 14	0.907 28	0.913 44
郴州市	0.129 61	0.034 1	0.018 5	0.018 6	0.011 12	0.022 22	0.649 32	0.510 00	0.915 43	0.915 01	0.751 71

（续表）

城市	名胜古迹指数	剧场歌剧院数的总数与总人均之综合	剧场和歌剧院个数	公共图书馆藏书量的总量与总人均之综合	公共图书馆藏书总量	高校数量	山水优美度	气候环境舒适度	每亿元工业产值的工业二氧化碳排放量	每亿元工业产值的工业烟尘排放量	建成区绿化覆盖率
永州市	0.237 81	0.029 2	0.018 5	0.018 2	0.012 24	0.033 33	0.365 38	0.528 89	0.904 34	0.671 21	0.783 60
怀化市	0.046 37	0.079 7	0.044 3	0.027 8	0.016 69	0.033 33	0.207 01	0.424 44	0.857 41	0.875 30	0.744 87
娄底市	0.038 05	0.024 2	0.011 1	0.020 6	0.011 12	0.033 33	0.341 63	0.478 89	0.988 14	0.902 47	0.954 44
广州市	0.651 61	0.251 7	0.195 6	0.289 8	0.228 03	0.887 78	0.868 78	0.704 44	0.978 28	0.990 57	0.929 38
韶关市	0.363 85	0.114 3	0.044 3	0.017 6	0.007 79	0.022 22	0.595 02	0.563 33	0.793 27	0.949 05	0.929 38
深圳市	0.105 83	0.358 3	0.321 0	0.849 4	0.360 40	0.101 11	0.859 73	0.735 56	0.997 55	1.000 00	0.927 11
珠海市	0.064 21	0.330 7	0.048 0	0.124 1	0.022 25	0.112 22	0.799 77	0.794 44	0.938 29	0.956 14	0.959 00
汕头市	0.052 32	0.058 0	0.033 2	0.061 3	0.037 82	0.011 11	0.753 39	0.744 44	0.950 03	0.980 71	0.690 21
江门市	0.209 27	0.010 7	0.003 7	0.055 4	0.027 81	0.033 33	0.305 43	0.570 00	0.897 80	0.966 54	0.890 66
肇庆市	0.071 34	0.091 8	0.044 3	0.037 6	0.020 02	0.044 44	0.392 53	0.644 44	0.935 80	0.894 77	0.959 00
惠州市	0.093 94	0.056 8	0.022 1	0.034 1	0.015 57	0.022 22	0.203 62	0.522 22	0.960 31	0.954 11	0.979 50
梅州市	0.087 99	0.117 3	0.066 4	0.023 8	0.014 46	0.011 11	0.360 86	0.477 78	0.786 91	0.934 05	0.940 77
东莞市	0.111 77	0.080 3	0.044 3	0.509 8	0.146 83	0.067 78	0.207 01	0.680 00	0.918 05	0.980 23	0.924 83
中山市	0.669 44	0.236 0	0.070 1	0.073 2	0.017 80	0.044 44	0.683 26	0.908 89	0.967 65	0.971 87	0.938 50
揭阳市	0.033 29	0.021 7	0.014 8	0.012 6	0.008 90	0.022 22	0.309 95	0.432 22	0.975 07	0.991 94	0.826 88
南宁市	0.224 73	0.088 1	0.062 7	0.104 9	0.076 75	0.347 78	0.486 43	0.441 11	0.952 15	0.924 48	0.906 61
柳州市	0.140 31	0.019 7	0.007 4	0.043 7	0.021 13	0.078 89	0.417 42	0.433 33	0.927 03	0.863 19	0.903 62

(续表)

城市	名胜古迹指数	剧场歌剧院数的总数与人均之综合	剧场和歌剧院个数	公共图书馆藏书量的总量与人均之综合	公共图书馆藏书总量	高校数量	山水优美度	气候环境舒适度	每亿元工业产值的工业二氧化硫排放量	每亿元工业产值的工业烟尘排放量	建成区绿化覆盖率
桂林市	0.688 47	0.143 7	0.081 2	0.092 1	0.055 62	0.101 11	0.889 14	0.526 67	0.913 99	0.932 08	0.915 72
梧州市	0.204 52	0.048 9	0.018 5	0.027 2	0.012 24	0.011 11	0.548 64	0.528 89	0.976 83	0.953 25	0.949 89
北海市	0.136 74	0.091 1	0.018 5	0.025 4	0.006 67	0.044 44	0.527 15	0.534 44	0.941 25	0.939 69	0.908 88
防城港市	0.180 74	0.105 6	0.011 1	0.014 3	0.002 22	0.000 00	0.455 88	0.443 33	0.873 75	0.862 45	0.913 44
钦州市	0.173 60	0.018 6	0.007 4	0.013 2	0.006 67	0.022 22	0.514 71	0.477 78	0.906 69	0.916 47	0.954 44
玉林市	0.074 91	0.042 5	0.029 5	0.032 5	0.023 36	0.011 11	0.502 26	0.495 56	0.974 58	0.934 76	0.940 77
河池市	0.066 59	0.017 8	0.007 4	0.023 6	0.012 24	0.022 22	0.523 76	0.494 44	0.498 58	0.776 24	0.997 72
崇左市	0.073 72	0.018 0	0.003 7	0.000 0	0.000 00	0.056 67	0.463 80	0.491 11	0.953 66	0.817 79	0.920 27
海口市	0.271 11	0.144 1	0.029 5	0.021 8	0.005 56	0.123 33	0.519 23	0.736 67	0.985 53	0.989 14	1.000 00
三亚市	0.112 96	0.081 8	0.003 7	0.033 2	0.003 34	0.056 67	0.686 65	0.782 22	1.000 00	0.988 19	1.000 00
重庆市	0.619 50	0.025 8	0.040 6	0.130 0	0.165 74	0.663 33	0.488 69	0.564 44	0.861 19	0.912 84	0.892 94
成都市	0.662 31	0.076 5	0.073 8	0.239 7	0.222 47	0.562 22	0.650 45	0.823 33	0.976 60	0.980 50	0.947 61
绵阳市	0.149 82	0.101 2	0.059 0	0.037 5	0.023 36	0.090 00	0.334 84	0.434 44	0.916 29	0.962 11	0.988 61
达州市	0.024 97	0.059 1	0.040 6	0.018 8	0.013 35	0.022 22	0.239 82	0.436 67	0.854 22	0.924 58	0.913 44
贵阳市	0.405 47	0.035 8	0.014 8	0.061 4	0.030 03	0.281 11	0.313 35	0.465 56	0.866 03	0.921 96	0.913 44
安顺市	0.013 08	0.035 9	0.011 1	0.008 4	0.003 34	0.022 22	0.512 44	0.622 22	0.144 26	0.641 58	0.990 89
昆明市	0.494 65	0.038 6	0.022 1	0.053 7	0.033 37	0.448 89	0.666 29	0.870 00	0.871 65	0.872 44	0.990 89

（续表）

城市	名胜古迹指数	剧场歌剧院的总数与人均之综合	剧场和歌剧院个数	公共图书馆藏书量的总量与人均之综合	公共图书馆藏书总量	高校数量	山水优美度	气候环境舒适度	每亿元工业产值的工业二氧化硫排放量	每亿元工业产值的工业烟尘排放量	建成区绿化覆盖率
丽江市	0.063 02	0.060 4	0.007 4	0.017 0	0.003 34	0.022 22	0.201 36	0.273 33	0.885 85	0.649 24	0.954 44
西安市	0.997 62	0.232 3	0.177 1	0.090 5	0.070 08	0.685 56	0.143 67	0.364 44	0.931 82	0.972 63	0.915 72
榆林市	0.422 12	0.209 1	0.092 3	0.027 4	0.013 35	0.022 22	0.239 82	0.280 00	0.818 97	0.648 86	0.979 50
商洛市	0.067 78	0.086 4	0.025 8	0.018 5	0.006 67	0.022 22	0.076 92	0.056 67	0.860 58	0.927 31	0.959 00
兰州市	0.391 20	0.145 8	0.062 7	0.136 8	0.065 63	0.281 11	0.157 24	0.108 89	0.851 03	0.862 30	0.899 77
嘉峪关市	0.195 01	0.514 3	0.014 8	0.030 6	0.001 11	0.011 11	0.075 79	0.007 78	0.472 18	0.592 82	0.990 89
金昌市	0.067 78	0.207 2	0.011 1	0.040 4	0.003 34	0.011 11	0.000 00	0.054 44	0.000 00	0.785 52	0.617 31
白银市	0.042 81	0.041 1	0.007 4	0.024 5	0.006 67	0.011 11	0.021 49	0.006 67	0.262 72	0.838 44	0.706 15
天水市	0.117 72	0.052 4	0.022 1	0.022 8	0.011 12	0.044 44	0.032 81	0.000 00	0.897 60	0.847 22	0.710 71
武威市	0.227 11	0.009 4	0.000 0	0.011 6	0.003 34	0.011 11	0.039 59	0.234 44	0.984 28	0.837 07	0.986 33
张掖市	0.206 90	0.115 8	0.018 5	0.036 8	0.007 79	0.022 22	0.072 40	0.243 33	0.550 56	0.509 45	0.273 35
酒泉	0.222 35	0.230 3	0.033 2	0.030 5	0.005 56	0.011 11	0.027 15	0.224 44	0.867 13	0.875 17	0.849 66
定西	0.233 06	0.083 7	0.029 5	0.021 5	0.008 90	0.011 11	0.029 41	0.225 56	0.832 20	0.620 88	0.309 79
陇南市	0.199 76	0.088 1	0.029 5	0.025 3	0.010 01	0.011 11	0.019 23	0.201 11	0.891 88	0.709 51	0.765 38
乌鲁木齐市	0.149 82	0.038 8	0.011 1	0.104 0	0.038 93	0.191 11	0.367 65	0.433 33	0.781 28	0.803 45	0.835 99
克拉玛依市	0.021 40	0.321 1	0.014 8	0.280 2	0.018 91	0.011 11	0.303 17	0.228 89	0.872 38	0.939 56	1.000 00

附表 3

城市	文化创意产业增加值	文化创意产业增加值占总增加值比重	人均文化创意产业增加值	艺术家与文化组织指数	文、体、娱从业人数	大专以上人口比重	专利数—论文发表数—科技成果数综合	人均科技经费	人均教育支出
北京市	0.947 82	0.795 03	0.417 77	1.000 00	1.000 00	1.000 00	1.000 00	0.974 31	1.000 00
天津市	0.420 66	0.447 20	0.243 08	0.194 91	0.122 99	0.335 48	0.478 02	0.469 72	0.883 66
石家庄市	0.051 53	0.295 65	0.029 80	0.178 29	0.080 89	0.106 45	0.170 27	0.053 21	0.193 86
保定市	0.031 55	0.194 41	0.015 73	0.012 18	0.021 05	0.159 68	0.075 52	0.000 00	0.096 31
张家口市	0.019 63	0.225 47	0.024 39	0.127 35	0.016 07	0.161 29	0.067 08	0.011 01	0.174 82
承德市	0.023 22	0.298 14	0.035 63	0.128 46	0.018 28	0.174 19	0.066 50	0.027 52	0.241 93
太原市	0.016 37	0.214 29	0.025 84	0.186 05	0.078 12	0.264 52	0.101 58	0.185 32	0.260 35
忻州市	0.011 30	0.260 87	0.021 06	0.119 60	0.007 76	0.050 00	0.073 85	0.025 69	0.253 91
呼和浩特市	0.000 00	0.000 00	0.000 00	0.156 15	0.059 83	0.088 71	0.090 84	0.067 89	0.283 08
赤峰市	0.016 95	0.136 65	0.021 18	0.124 03	0.011 08	0.096 77	0.062 38	0.005 50	0.278 72
通辽市	0.002 30	0.119 88	0.004 15	0.121 82	0.010 53	0.085 48	0.055 48	0.045 87	0.223 48
沈阳市	0.013 14	0.298 14	0.010 48	0.201 55	0.096 95	0.541 94	0.266 57	0.291 74	0.324 78
大连市	0.017 08	0.354 04	0.016 76	0.160 58	0.069 81	0.509 68	0.222 03	0.600 00	0.376 11
本溪市	0.007 19	0.086 96	0.027 40	0.118 49	0.006 09	0.217 74	0.085 71	0.137 61	0.294 85
锦州市	0.011 80	0.124 22	0.022 38	0.122 92	0.016 07	0.224 19	0.075 76	0.033 03	0.125 38
盘锦市	0.007 67	0.053 42	0.034 49	0.118 49	0.007 20	0.020 97	0.080 83	0.102 75	0.258 79
长春市	0.006 28	0.220 50	0.004 84	0.199 34	0.095 29	0.282 26	0.157 52	0.047 71	0.218 04
哈尔滨市	0.013 20	0.501 24	0.007 69	0.205 98	0.112 47	0.285 48	0.204 09	0.102 75	0.186 49
上海市	1.000 00	0.695 65	0.405 07	0.387 60	0.323 55	0.853 23	0.918 21	1.000 00	0.913 60
南京市	0.157 02	0.298 14	0.141 65	0.179 40	0.125 21	0.350 00	0.356 67	0.308 26	0.354 34

（续表）

城市	文化创意产业增加值	文化创意产业增加值占总增加值比重	人均文化创意产业增加值	艺术家与文化组织指数	文、体、娱从业人数比重	大专以上人口比重	专利数—论文发表数—科技成果数综合	人均科技经费	人均教育支出
徐州市	0.075 28	0.254 66	0.043 38	0.132 89	0.022 16	0.196 77	0.100 12	0.117 43	0.204 09
苏州市	0.422 39	0.493 17	0.374 83	0.148 39	0.054 29	0.475 81	0.230 73	0.541 28	0.563 33
南通市	0.078 98	0.232 30	0.059 78	0.130 68	0.023 82	0.298 39	0.028 46	0.181 65	0.308 08
连云港市	0.018 36	0.150 93	0.020 48	0.119 60	0.008 31	0.117 74	0.084 76	0.132 11	0.205 88
淮安市	0.028 42	0.195 65	0.029 81	0.122 92	0.012 19	0.177 42	0.077 78	0.126 61	0.227 33
盐城市	0.041 09	0.173 91	0.028 94	0.127 35	0.026 04	0.133 87	0.072 44	0.165 14	0.216 46
镇江市	0.059 92	0.298 14	0.127 91	0.121 82	0.012 74	0.179 03	0.081 52	0.211 01	0.328 53
泰州市	0.031 43	0.150 31	0.035 91	0.119 60	0.009 97	0.169 35	0.078 11	0.110 09	0.186 89
杭州市	0.535 47	1.000 00	0.439 67	0.221 48	0.129 64	0.537 10	0.249 63	0.420 18	0.422 86
宁波市	0.055 27	0.242 24	0.055 27	0.163 90	0.047 09	0.179 03	0.202 18	0.387 16	0.475 06
温州市	0.061 75	0.229 81	0.044 38	0.160 58	0.044 32	0.150 00	0.120 96	0.073 39	0.250 78
湖州市	0.029 33	0.242 24	0.064 82	0.011 07	0.007 76	0.156 45	0.066 43	0.157 80	0.279 03
金华市	0.077 71	0.398 76	0.095 23	0.132 89	0.024 93	0.145 16	0.065 45	0.154 13	0.286 22
丽水市	0.017 27	0.230 43	0.037 98	0.121 82	0.013 30	0.017 74	0.054 70	0.139 45	0.254 48
合肥市	0.118 37	0.383 85	0.096 52	0.166 11	0.058 73	0.487 10	0.199 67	0.260 55	0.256 16
芜湖市	0.022 85	0.127 33	0.034 48	0.115 17	0.004 99	0.088 71	0.071 07	0.431 19	0.226 36
蚌埠市	0.015 15	0.291 93	0.023 97	0.116 28	0.005 54	0.111 29	0.070 84	0.139 45	0.147 08
淮南市	0.006 36	0.111 80	0.015 17	0.116 28	0.004 99	0.145 16	0.071 06	0.078 90	0.147 20

（续表）

城市	文化创意产业增加值	文化创意产业增加值占总增加值比重	人均文化创意产业增加值	艺术家与文化组织指数	文、体、娱从业人数	大专以上人口比重	专利数—论文发表数—科技成果数综合	人均科技经费	人均教育支出
铜陵市	0.004 90	0.097 52	0.038 34	0.111 85	0.001 66	0.043 55	0.075 85	0.253 21	0.342 41
安庆市	0.014 70	0.291 93	0.013 72	0.112 96	0.014 40	0.037 10	0.067 68	0.056 88	0.145 94
黄山市	0.012 99	0.295 65	0.051 11	0.115 17	0.004 99	0.037 10	0.073 17	0.155 96	0.136 86
滁州市	0.020 92	0.270 19	0.027 01	0.111 85	0.000 55	0.033 87	0.062 40	0.033 03	0.141 15
六安市	0.017 29	0.291 93	0.014 00	0.162 79	0.053 19	0.043 55	0.079 33	0.012 84	0.124 04
福州市	0.010 30	0.366 46	0.009 11	0.192 69	0.073 68	0.259 68	0.143 24	0.060 55	0.292 49
厦门市	0.102 30	0.602 48	0.301 58	0.139 53	0.046 54	0.232 26	0.177 38	0.354 13	0.771 67
莆田市	0.044 18	0.503 11	0.076 70	0.119 60	0.006 65	0.100 00	0.066 09	0.042 20	0.219 40
南昌市	0.171 61	0.291 93	0.195 18	0.148 39	0.052 63	0.182 26	0.126 44	0.064 22	0.250 40
景德镇市	0.011 16	0.245 96	0.038 92	0.118 49	0.009 97	0.120 97	0.068 02	0.038 53	0.199 60
萍乡市	0.022 68	0.437 27	0.067 95	0.114 06	0.002 22	0.130 65	0.059 52	0.056 88	0.209 49
吉安市	0.020 88	0.321 74	0.023 80	0.125 14	0.012 19	0.083 87	0.057 16	0.007 34	0.205 36
济南市	0.144 99	0.422 36	0.137 16	0.018 83	0.093 07	0.387 10	0.173 56	0.104 59	0.252 60
青岛市	0.281 03	0.515 53	0.210 74	0.159 47	0.062 60	0.387 10	0.209 23	0.185 32	0.408 51
淄博市	0.083 26	0.329 19	0.113 58	0.138 43	0.032 69	0.212 90	0.084 04	0.139 45	0.320 21
泰安市	0.055 47	0.297 52	0.057 59	0.124 03	0.008 86	0.109 68	0.069 10	0.040 37	0.146 32
郑州市	0.074 89	0.175 16	0.047 28	0.228 13	0.202 22	0.251 61	0.149 76	0.110 09	0.252 05
开封市	0.016 27	0.322 98	0.017 07	0.012 18	0.019 39	0.070 97	0.060 80	0.020 18	0.101 91

（续表）

城市	文化创意产业增加值	文化创意产业增加值占总增加值比重	人均文化创意产业增加值	艺术家与文化组织指数	文、体、娱从业人数	大专以上人口比重	专利数—论文发表数—科技成果数综合	人均科技经费	人均教育支出
洛阳市	0.012 25	0.131 06	0.010 27	0.135 11	0.024 93	0.138 71	0.070 36	0.084 40	0.178 68
新乡市	0.012 34	0.291 93	0.011 46	0.126 25	0.011 63	0.141 94	0.066 66	0.034 86	0.155 49
濮阳市	0.011 31	0.172 05	0.015 72	0.117 39	0.006 65	0.161 29	0.065 07	0.029 36	0.156 79
许昌市	0.027 58	0.133 54	0.032 07	0.121 82	0.008 86	0.106 45	0.064 22	0.027 52	0.153 23
南阳市	0.021 19	0.121 12	0.010 50	0.139 53	0.029 92	0.075 81	0.062 17	0.031 19	0.123 53
信阳市	0.003 82	0.062 11	0.002 58	0.130 68	0.022 16	0.059 68	0.073 11	0.011 01	0.135 14
驻马店市	0.009 42	0.172 67	0.006 10	0.130 68	0.018 28	0.074 19	0.063 47	0.018 35	0.119 06
武汉市	0.250 11	0.418 63	0.176 51	0.001 11	0.126 87	0.445 16	0.323 42	0.152 29	0.296 70
黄石市	0.010 87	0.341 61	0.024 04	0.118 49	0.008 31	0.241 94	0.075 65	0.051 38	0.126 02
十堰市	0.163 62	0.204 97	0.273 81	0.145 07	0.017 73	0.146 77	0.064 72	0.051 38	0.132 97
宜昌市	0.033 96	0.894 41	0.049 24	0.149 50	0.044 88	0.141 94	0.074 94	0.084 40	0.207 20
襄阳市	0.011 90	0.175 16	0.011 60	0.129 57	0.023 82	0.112 90	0.068 93	0.040 37	0.153 88
荆州市	0.010 67	0.136 65	0.009 36	0.126 25	0.016 62	0.091 94	0.075 59	0.018 35	0.073 74
黄冈市	0.009 42	0.138 51	0.007 28	0.124 03	0.011 08	0.103 23	0.060 50	0.036 70	0.122 91
随州市	0.005 32	0.118 01	0.011 98	0.112 96	0.001 66	0.020 97	0.064 88	0.027 52	0.077 19
长沙市	0.218 53	0.521 74	0.191 29	0.238 10	0.125 76	0.196 77	0.172 63	0.222 02	0.321 04
株洲市	0.053 41	0.418 01	0.077 54	0.118 49	0.009 42	0.183 87	0.070 73	0.862 39	0.149 52
湘潭市	0.028 78	0.304 35	0.057 60	0.117 39	0.007 76	0.154 84	0.086 32	0.073 39	0.149 16

168 / 文化创意产业对提升城市人居环境质量的分析研究

（续表）

城市	文化创意产业增加值	文化创意产业增加值占总增加值比重	人均文化创意产业增加值	艺术家与文化组织指数	文、体、娱从业人数	大专以上人口比重	专利数—论文发表数—科技成果数综合	人均科技经费	人均教育支出
邵阳市	0.000 00	0.000 00	0.000 00	0.117 39	0.003 88	0.030 65	0.062 52	0.095 05	0.101 68
张家界市	0.011 39	0.484 47	0.038 68	0.116 28	0.001 66	0.092 74	0.066 24	0.007 34	0.156 87
郴州市	0.025 39	0.254 04	0.028 77	0.121 82	0.007 20	0.000 00	0.061 82	0.055 05	0.198 06
永州市	0.011 76	0.155 28	0.010 96	0.011 07	0.009 97	0.009 68	0.060 28	0.007 34	0.128 05
怀化市	0.010 94	0.151 55	0.012 32	0.122 92	0.009 97	0.009 68	0.073 02	0.001 83	0.155 20
娄底市	0.009 15	0.147 83	0.012 10	0.116 28	0.005 54	0.017 74	0.063 21	0.011 01	0.127 70
广州市	0.607 30	0.602 48	0.423 33	0.300 11	0.204 99	0.574 19	0.350 03	0.176 15	0.573 81
韶关市	0.009 88	0.163 35	0.017 48	0.118 49	0.008 31	0.191 94	0.061 06	0.062 39	0.176 98
深圳市	0.535 18	0.583 85	1.000 00	0.197 12	0.124 65	0.543 55	0.368 72	0.719 27	0.504 75
珠海市	0.031 00	0.279 50	0.165 60	0.012 18	0.017 73	0.200 00	0.095 13	0.495 41	0.905 39
汕头市	0.048 98	0.478 26	0.052 63	0.011 07	0.010 53	0.140 32	0.072 48	0.034 86	0.155 53
江门市	0.023 00	0.180 12	0.033 95	0.119 60	0.009 42	0.183 87	0.065 86	0.078 90	0.219 08
肇庆市	0.030 83	0.291 93	0.041 61	0.121 82	0.008 31	0.074 19	0.070 35	0.071 56	0.188 04
惠州市	0.042 03	0.204 97	0.071 02	0.129 57	0.020 50	0.025 81	0.072 24	0.110 09	0.386 86
梅州市	0.006 97	0.131 06	0.007 71	0.119 60	0.007 76	0.064 52	0.064 15	0.018 35	0.150 45
东莞市	0.103 89	0.279 50	0.319 09	0.119 60	0.040 44	0.112 90	0.119 84	0.225 69	0.408 24
中山市	0.046 63	0.253 42	0.175 56	0.121 82	0.011 63	0.074 19	0.101 91	0.277 06	0.524 19
揭阳市	0.020 36	0.203 11	0.017 30	0.119 60	0.007 20	0.074 19	0.068 66	0.003 67	0.098 70

（续表）

城市	文化创意产业增加值	文化创意产业增加值占总增加值比重	人均文化创意产业增加值	艺术家与文化组织指数	文、体、娱从业人数	大专以上人口比重	专利数－论文发表数－科技成果数综合	人均科技经费	人均教育支出
南宁市	0.028 40	0.192 55	0.022 74	0.172 76	0.067 59	0.169 35	0.127 48	0.045 87	0.156 31
柳州市	0.006 86	0.104 35	0.010 68	0.138 43	0.013 85	0.020 97	0.062 12	0.047 71	0.188 08
桂林市	0.030 27	0.260 87	0.033 66	0.138 43	0.025 48	0.114 52	0.071 16	0.045 87	0.152 75
梧州市	0.006 20	0.167 70	0.010 70	0.116 28	0.006 09	0.093 55	0.065 78	0.018 35	0.185 31
北海市	0.006 66	0.155 28	0.022 82	0.115 17	0.003 88	0.088 71	0.075 26	0.014 68	0.163 72
防城港市	0.003 26	0.136 65	0.020 33	0.110 74	0.000 00	0.025 81	0.070 94	0.014 68	0.184 03
钦州市	0.002 87	0.159 63	0.004 20	0.112 96	0.002 77	0.016 13	0.075 28	0.095 05	0.125 05
玉林市	0.015 30	0.198 14	0.012 66	0.118 49	0.008 31	0.020 97	0.062 21	0.005 50	0.110 24
河池市	0.005 43	0.167 70	0.007 62	0.119 60	0.006 09	0.014 52	0.055 34	0.014 68	0.163 74
崇左市	0.003 37	0.136 65	0.007 93	0.112 96	0.001 66	0.014 52	0.052 20	0.027 52	0.200 59
海口市	0.013 53	0.329 19	0.048 10	0.152 82	0.038 23	0.246 77	0.091 40	0.055 05	0.259 50
三亚市	0.007 14	0.286 34	0.071 78	0.117 39	0.005 54	0.150 00	0.067 60	0.313 76	0.443 83
重庆市	0.153 75	0.260 87	0.026 56	0.244 74	0.300 83	0.309 68	0.250 06	0.078 90	0.437 68
成都市	0.138 26	0.229 81	0.067 52	0.208 19	0.293 63	0.209 68	0.190 70	0.099 08	0.000 00
绵阳市	0.026 59	0.273 29	0.028 19	0.114 06	0.005 54	0.200 00	0.068 76	0.049 54	0.086 42
达州市	0.010 63	0.134 16	0.008 97	0.118 49	0.007 76	0.119 35	0.057 32	0.003 67	0.006 67
贵阳市	0.020 85	0.180 12	0.031 90	0.150 61	0.042 11	0.350 00	0.130 16	0.110 09	0.159 31
安顺市	0.007 67	0.345 96	0.015 57	0.111 85	0.000 55	0.030 65	0.069 14	0.020 18	0.532 24

（续表）

城市	文化创意产业增加值	文化创意产业增加值占总增加值比重	人均文化创意产业增加值	艺术家与文化组织指数	文、体、娱从业人数	大专以上人口比重	专利数-论文发表数-科技成果数综合	人均科技经费	人均教育支出
昆明市	0.032 36	0.360 25	0.034 33	0.191 58	0.075 90	0.180 65	0.145 87	0.121 10	0.236 94
丽江市	0.003 58	0.726 71	0.017 29	0.116 28	0.009 42	0.011 29	0.046 99	0.044 04	0.288 13
西安市	0.171 08	0.536 65	0.123 01	0.249 17	0.118 56	0.108 06	0.174 67	0.051 38	0.243 89
榆林市	0.009 47	0.037 89	0.014 58	0.126 25	0.017 17	0.061 29	0.068 91	0.100 92	0.483 61
商洛市	0.002 11	0.049 69	0.004 88	0.119 60	0.007 76	0.061 29	0.063 52	0.009 17	0.270 39
兰州市	0.015 56	0.124 84	0.024 49	0.162 79	0.055 40	0.245 16	0.132 60	0.055 05	0.195 34
嘉峪关市	0.001 16	0.060 25	0.033 80	0.111 85	0.099 00	0.079 03	0.069 91	0.040 37	0.217 74
金昌市	0.000 67	0.027 95	0.008 26	0.110 74	0.099 00	0.056 45	0.058 75	0.020 18	0.197 85
白银市	0.001 70	0.050 31	0.005 58	0.110 74	0.001 66	0.062 90	0.012 62	0.018 35	0.211 14
天水市	0.002 65	0.090 06	0.004 07	0.122 92	0.006 65	0.075 81	0.068 41	0.014 68	0.148 38
武威市	0.001 33	0.078 26	0.004 08	0.124 03	0.009 97	0.012 90	0.064 45	0.003 67	0.192 59
张掖市	0.002 10	0.092 55	0.009 27	0.115 17	0.004 43	0.016 13	0.054 43	0.027 52	0.207 05
酒泉	0.003 87	0.049 69	0.020 27	0.119 60	0.009 97	0.020 97	0.057 62	0.040 37	0.261 34
定西	0.000 96	0.073 91	0.001 86	0.114 06	0.003 88	0.046 77	0.000 01	0.014 68	0.159 38
陇南市	0.001 00	0.075 78	0.002 06	0.114 06	0.007 76	0.035 48	0.059 23	0.095 05	0.153 34
乌鲁木齐市	0.000 00	0.000 00	0.000 00	0.171 65	0.067 04	0.429 03	0.069 32	0.082 57	0.412 25
克拉玛依市	0.001 62	0.012 42	0.024 72	0.000 00	0.000 00	0.317 74	0.071 92	0.185 32	0.898 78

参 考 文 献

[1] Andersson A. Creativity and Regional Development[J]. Papers of the Regional Science Association,1985,56(1):5-20.

[2] Asami Y. Residential Environment: Methods and Theory for Evaluation [M]. Tokyo: University of Tokyo Press, 2001.

[3] Australian Expert Group in Industry Studies of the University of Western Sydney. Social Impacts of Participation in the Arts and Cultural Activities [R]. Issues and Recommendations. Cultural Ministers Council Statistics Working Group, 2004.

[4] Pitt B. Livable Communnities and Urban Forests[J]. The City,2001,(11).

[5] Landry C. The Creative City: A Toolkit for Urban Innovators[M]. London: Comedia and Earthscan Publications, 2000.

[6] Keeble D, Aydalot P. High Technology Industry and Innovative Environments: The European Experience[M]. London: Routledge,1988.

[7] Salzano E. Seven Aims for the Livable City[C]. International Making Cities Livable Conferences. California: Gondolier Press, 1997.

[8] Matarasso F. Use or Ornament? The Social Impact of Participation in Arts Programmes[M]. London: Comedia and Earthscan Publications,1997.

[9] Frith S. Knowingone's Place: The culture of cultural industry[J]. Cultural study from Birmingham. 1991:(1),135-155.

[10] Kumpf F, Anne H. Cultural Districts: The Arts as A Strategy for Revitalizing Our Cities[M]. New York: Americans for the Arts, 1998.

[11] Hospers G. Creative Cities: Breeding Places in the Knowledge Economy [M]. Knowledge, Technology & Policy, 2003.

[12] Evans G. Shaw P. The Contribution of Culture to Regeneration in the UK: A Re-

view of Evidence[M]. London: Metropolitan University, 2004.

[13] Howkins J. The Creative Economy: How People Make Money from Ideas [M]. London: Allen Lane, 2001.

[14] Guetzkow J. How the Arts Impact Communities: An introduction to the literature on arts impact studies[Z]. Princeton University, Woodrow Wilson School of Public and International Affairs, Center for Arts and Cultural Policy Studies: Working Paper Series, 2002.

[15] Douglass M. From Global Intercity Competition to Cooperation for Livable Cities and Economic Resilience in Pacific Asia[J]. Environment and Urbanization,2002,(1): 53-68.

[16] Douglass M. Special Issue on Globalization and Civic Space in Pacific Asia [J]. International Development Planning Review, 2002,(4): 24.

[17] Nystrom L. City and Culture, Cultural Processes and Urban Sustainablility [M]. Karlskrona Swedish Urban Environment Council,1999.

[18] Geddes P. Cities in Evolution: An Introduction to the Town Planning Movement and the Study of Civicism [M]. New York: Howard Ferug, 1915.

[19] Evans P. Livable cities? Urban Struggles for Livelihood and Sustainability [M]. Berkeley: University of California Press, 2002.

[20] Hall P. Creative Cities and Economic Development[J]. Urban Studies. 2000, (4): 639-649.

[21] Roberts P, Sykes H. Urban Regeneration: A Handbook[M]. London: SAGE Publications. 2000.

[22] Florida R. The Rise of the Creative Class: And How It's Transforming Work, Leisure, Community and Everyday Life[M]. New York: Basic Books, 2002.

[23] Schumacher E F. Small is Beautiful: Economics as if People Matters[M]. New York: Harper and Row, 1973.

[24] Yusuf S, Nabeshima K. Creative Industries in East Asia Cities [M].

Amsterdam：Elsevier Science, 2005.

［25］Wheeler S M. Designing the Livable Metropolis：Metropolitan Institutions and the Evolution of Urban Form［M］. Berkeley：University of California Press,2000.

［26］Crowhurst S H, Lennard H L. Livable Communities Observed［M］. Carmel：Gondolier Press, 1995.

［27］The European Task Force on Culture and Development. In from the Margins, A Contribution to the Debate on Culture and Development in Europe ［M］. Brussels, 1997.

［28］Timothy D B. Reshaping Gotham：The City Livable Movement and the Redevelopment of NewYork City,1961—1998［D］. West Lafayette Purdue University Graduate School, 1999.

［29］Santagata W. Cultural Districts, Property Right and Sustainable Economic Growth［J］. International Journal of Urban and Regional Research. 2002, (26)1：9-23.

［30］鲍枫.中国文化创意产业集群发展研究[D].长春:吉林大学,2013.

［31］鲍世行.山水城市：21 世纪中国的人居环境[J].华中建筑,2002(4):1-3.

［32］北京市人大常委会课题组.推进全国文化中心建设[M].北京:红旗出版社,2012.

［33］波拉特.信息经济[M].袁君时,周世铮,译.北京:中国展望出版社,1987.

［34］查尔斯·兰德利.创意城市:如何打造都市创意生活圈[M].杨幼兰,译.北京:清华大学出版社,2009.

［35］陈浮,陈海燕,朱振华,彭补拙.城市人居环境与满意度评价研究[J].人文地理,2000(4):20-23.

［36］陈浮.城市人居环境与满意度评价研究[J].城市规划,2000(7):25-27.

［37］陈宇飞.文化城市图景[M].北京:文化艺术出版社,2012.

［38］成砚.建设创意导向型城市人居环境的思考[J].北京规划建设,2012(1):114-119.

［39］褚劲风,等.创意城市:国际比较与路径选择［M］.北京:北京大学出版

社,2014.

[40] 丛海彬,高长春.创意中心城市竞争力的国际比较及其启示[J].城市发展研究,2010(8):31-36.

[41] 单霁翔.从"功能城市"走向"文化城市"发展路径辨析[J].文艺研究,2007(3):41-53

[42] 邓显超.低碳经济视阈中的文化产业发展[J].长白学刊,2011(2):152-154.

[43] 丁灵鸽.城市新区主导区域城市设计中的文化植入研究[D].天津:天津大学,2012.

[44] 董晓峰,杨保军,刘理臣,高峰.宜居城市评价与规划理论方法研究[M].北京:中国建筑工业出版社,2010.

[45] 方清海.城市更新与创意产业[M].武汉:湖北人民出版社,2010.

[46] 高福民,花建.文化城市:基本理念与评估指标体系研究[M].北京:商务印书馆,2012.

[47] 谷军.首都文化生活消费研究[J].首都经济贸易大学学报,2005,7(4):50-53.

[48] 顾大治,陈刚.文化规划主导下的西方城市旧工业区的复兴[J].城市问题,2012,(7).

[49] 国家高新技术产业开发区黄花岗科技园区管理委员会.都市创意产业理论与实践[M].广州:广东经济出版社,2008:8.

[50] 韩顺法.文化创意产业对国民经济发展的影响及实证研究[D].南京航空航天大学,2010.

[51] 韩卓.西安回民历史街区演变特征及其创意发展研究[D].西安:西北大学,2014.

[52] 何文举,彭邦文.文化产业发展提升城市人居生活质量的路径研究——以湖南为例[J].湖南商学院学报,2013(2):39-48.

[53] 胡彬,陈超.创意产业发展与地域营销:基于城市国际竞争力视角的研究[M].上海:财经大学出版社,2014.

[54] 胡伏湘,胡希军.城市宜居性评价指标体系构建[J].上海:生态经济,2014(8):42-44.

[55] 胡惠林,单世联.文化产业研究读本[M].中国卷.上海:上海人民出版社,2010.

[56] 胡武贤,杨万柱.中等城市人居环境评价研究——以常德市为例[J].现代城市研究,2004(4):38-41.

[57] 黄鹤.文化规划:基于文化资源的城市整体发展策略[M].北京:中国建筑工业出版社,2010.

[58] 黄鹤.文化政策主导下的城市更新——西方城市运用文化资源促进城市发展的相关经验和启示[J].国外城市规划,2006(1):34-39.

[59] 黄凌翔.国外城市产业发展的阶段性特点及对我国城市产业升级的启示[J].上海经济研究,2007(2):83-87.

[60] 简·雅各布斯.美国大城市的死与生[M].南京:译林出版社,2005.

[61] 中华人民共和国建设部.建设部关于修订人居环境奖申报和评选办法的通知[EB/OL].[2015-12-23].http://www.gov.cn/gzdt/2006-05/08/content_275 355.htm.

[62] 金韬.宜居城市的文化维度[J].山东行政学院学报,2013(6):140-143.

[63] 金元浦.培养文化产业的"波西米亚族"——由弗罗里达的"创意阶层"谈起[N].中国社会科学报,2010-12-21(15).

[64] 荆蕙兰.科学发展观视角下城市文化的提升及其构建[J].文化学刊,2009(1):9-12.

[65] 孔建华.二十来北京文化产业发展的历程、经验与启示[J].艺术与投资,2011(2):78-84.

[66] 兰肖雄,刘盛和,蔡建明.国际城市的分类、建设经验与启示[J].世界地理研究,2011(4):39-47.

[67] 李保东.结构方程模型在组织认同研究中的应用[M].北京:经济管理出版社,2014.

[68] 李陈.中国城市人居环境评价研究[D].上海:华东师范大学,2015.

[69] 李丽萍,郭宝华.关于宜居城市的理论探讨[J].城市发展研究,2006,13(2):76-80.

[70] 李丽萍,吴祥裕.宜居城市评价指标体系研究[J].中共济南市委党校学报,

2007(1):16-21.

[71] 李丽萍. 城市人居环境[M]. 北京:中国轻工业出版社,2001.

[72] 李丽萍. 宜居城市建设研究[M]. 北京:经济日报出版社,2007.

[73] 李王鸣,叶信岳. 城市人居环境评价——以杭州城市为例[J]. 经济地理,1999
(4):38-42.

[74] 李王鸣. 城市人居环境评价[J]. 经济地理,1999(4):38-42.

[75] 李伟. 城市文化与城市生活质量[J]. 山西建筑,2005(8):12-13.

[76] 李雪铭,姜斌,杨波. 城市人居环境可持续发展评价研究[J]. 中国人口.资源
与环境,2002(6):129-131.

[77] 李雪铭,杨俊,李静,等. 地理学视角的人居环境[M]. 北京:科学出版
社,2010.

[78] 厉无畏,王慧敏. 创意产业新论[M]. 上海:东方出版中心,2009.

[79] 厉无畏. 创意改变中国[M]. 北京:新华出版社,2009.

[80] 林少雄. 当代中国城市发展与城市文化生态建构[J]. 艺术百家,2013(3):
24-28.

[81] 刘晨阳,杨培峰. 关于城市人居环境建设的人文思考[J]. 安徽建筑工业学院
学报(自然科学版),2005(4):80-82.

[82] 刘合林. 城市文化空间解读与利用:构建文化城市的新路径[M]. 南京:东南
大学出版社,2010.

[83] 刘士林. 关于城市文化研究的几个基本问题[J]. 现代城市研究,2013(4):
35-37.

[84] 刘士林. 文化城市与中国城市发展方式转型及创新[J]. 上海交通大学学报
(哲学社会科学版),2010(3):5-13.

[85] 刘颂,刘滨谊. 城市人居环境可持续发展评价指标体系研究[J]. 城市规划汇
刊,1999(5):35-37.

[86] 刘维新. 以"三大标准"看北京宜居之路[J]. 北京规划建设,2007(1):46-47.

[87] 刘晓彬. 中国工业化中后期文化产业发展研究[D]. 成都:西南财经大
学,2012.

[88] 刘彦平. 城市营销战略[M]. 北京:中国人民大学出版社,2005.

[89] 刘轶."创意社群":我国城市发展的新动力[J].云梦学刊,2007(4):89-92.

[90] 刘中顼.城市文化建设与人居环境的提升[J].湖南文理学院学报:社会科学版,2009(1):80-82.

[91] 罗伯特·保罗·欧文斯,等.世界城市文化报告2012[M].黄昌勇,侯卉娟,章超,等,译.上海:同济大学出版社,2013.

[92] 罗争玉.文化事业的改革与发展[M].北京:人民出版社,2006.

[93] 马英平.城市复兴中的创意产业发展规划研究[D].昆明:昆明理工大学,2010.

[94] 迈克尔·波特.国家竞争优势[M].李明轩,邱如美,译.台北:天下文化出版公司,1996.

[95] 梅松,廖旻.文化经济与北京发展转型[J].北京社会科学,2013(3):115-120.

[96] 倪鹏飞,彼得.卡尔.克拉索:全球城市竞争力报告(2011—2012)[M].北京:社会科学文献出版社,2012.

[97] 倪鹏飞.中国城市竞争力报告No.12[M].北京:社会科学文献出版社,2014.

[98] 宁越敏,查志强.大都市人居环境评价和优化研究——以上海市为例[J].城市规划,1999(6):15-20.

[99] 宁越敏,项鼎,魏兰.小城镇人居环境的研究——以上海市郊区三个小城镇为例[J].城市规划,2002(10):31-35.

[100] 牛继舜,等.世界城市文化力量[M].北京:经济日报出版社,2012.

[101] 彭翊.中国城市文化产业发展评价体系研究[M].北京:中国人民大学出版社,2011.

[102] 浅见泰司.居住环境评价方法与理论[M].北京:清华大学出版社,2006.

[103] 曲江文旅.曲江新区人居环境评价研究[M].北京:中国经济出版社,2014.

[104] 上海创意产业中心.上海创意产业发展报告[R].2007.

[105] 上海创意产业中心.上海培育发展创意产业的探索与实践[M].上海:上海科学技术文献出版社,2006.

[106] 上海市经济委员会,上海科学技术情报研究所.世界服务业重点行业发展动态2005—2006[M].上海:上海科学技术文献出版社,2005.

[107] 上海证大研究所.文化大都市:上海发展的战略选择[M].上海:上海人民出

版社,2008.

[108] 申菊香,邱灿红,王彬. 可持续理念下宜居城市建设评价体系研究——以岳阳为例[J]. 中外建筑,2012(11):57-59.

[109] 沈山,安宇. 和谐社会的城市文化战略[M]. 北京:中国社会科学出版社,2009.

[110] 盛世豪,包浩斌,郑剑锋. 基于"质量维"视角下的我国城市发展探讨[J]. 理论与改革,2010(2):65-67.

[111] 宋延杰. 城市人居环境质量综合评价和优化对策研究[D]. 苏州:苏州科技学院,2009.

[112] 孙磊. 城市文化创意产业评估体系[D]. 武汉:中国地质大学,2010

[113] 唐燕,[德] 克劳斯·昆兹曼. 创意城市实践:欧洲和亚洲的视角[M]. 北京:清华大学出版社,2013.

[114] 陶建杰. 十大国际都市文化软实力评析[J]. 城市问题,2011(10):2-8.

[115] 田银生,陶伟. 城市环境的"宜人性"创造[J]. 清华大学学报(自然科学版),2000(S1):19-23.

[116] 屠启宇. 国际城市发展报告(2012)[M]. 北京:社会科学文献出版社,2012.

[117] 汪寿松. 论城市文化与城市文化建设[J]. 南方论丛,2006(3):101-105.

[118] 王彬彬. 加快文化创意产业发展的思考[EB/OL]. [2015-12-20]. http://www.zj.xinhuanet.com/website/2008-10/10/content_14 605 164. htm.

[119] 王德利. 北京宜居之都建设理论与实践研究[M]. 北京:知识产权出版社,2012.

[120] 王慧敏. 创意城市的创新理念、模式与路径[J]. 社会科学,2010(11):4-12.

[121] 王济川,王小倩,姜宝法. 结构方程模型:方法与应用[M]. 北京:高等教育出版社,2011.

[122] 王克婴. 多元文化视角的加拿大创意城市的形成及发展[J]. 北京城市学院学报,2011(2):40-45.

[123] 王琪. 世界城市创意产业发展状况的国际比较[J]. 上海经济研究,2007(9):89-94.

[124] 王亚南,高书生. 中国中心城市文化消费需求景气评价报告(2013)[M]. 北

京:社会科学文献出版社,2013.

[125] 翁华锋.国外城市更新的历程与特点及其几点启示[J].福建建筑,2006(5):
22-23.

[126] 吴晨.文化竞争:欧洲城市复兴的核心[J].望新闻周刊,2005(Z1):26-28.

[127] 吴良镛.城市研究论文集——迎接新世纪的来临[M].北京:中国建筑工业
出版社,1996.

[128] 吴良镛.关于浦东新区总体规划[J].城市规划,1992(6):3-10.

[129] 吴良镛.人居环境科学导论[M].北京:中国建筑工业出版社,2001.

[130] 吴树波.宜居城市与休闲文化建设[J].河北科技师范学院学报(社会科学
版),2010(2):10-13.

[131] 吴志强,蔚芳.可持续发展中国人居环境评价体系[M].北京:科学出版
社,2004.

[132] 香港民政事务局,香港大学文化政策研究中心.创意指数研究[R].2004.

[133] 肖永亮,姜振宇.创意城市和创意指数研究[J].同济大学学报(社会科学
版),2010(6):49-57.

[134] 新华网.中国宜居城市科学评价标准.正式出台(全文)[EB/OL].[2015-12-
20].http://news.xinhuanet.com/politics/2007-05/30/content_6 175 236.
htm.

[135] 徐琴.城市更新中的文化传承与文化再生[J].中国名城,2009(1):27-33.

[136] 阳建强.西欧城市更新[M].南京:东南大学出版社,2012.

[137] 杨东平.城市季风:北京和上海的文化精神[M].北京:新星出版社,2006.

[138] 杨继梅.城市再生的文化催化研究[D].上海:同济大学,2008.

[139] 杨秀云,郭永.基于钻石模型的我国创意产业国际竞争力研究[J].当代经济
科学,2010(1):90-97.

[140] 叶皓.关于提升南京文化竞争力的思考[J].南京社会科学,2008(3):
121-128.

[141] 叶文虎.环境管理学[M].北京:高等教育出版社,2000.

[142] 叶辛,蒯大申.城市文化研究新视点[M].上海:上海社会科学院出版
社,2008.

[143] 叶长盛,董玉祥.广州市人居环境可持续发展水平综合评价[J].热带地理, 2003(1):59-61.

[144] 易丹辉.结构方程模型:方法与应用[M].北京:中国人民大学出版社,2008.

[145] 尹宏.创意经济:城市经济可持续发展的高级形态[J].中国城市经济,2008 (10):6-11.

[146] 尹宏.现代城市创意经济发展研究[M].北京:中国经济出版社,2009.

[147] 尹明明.巴黎文化政策初探[J].现代传播(中国传媒大学学报),2010(12): 166-167.

[148] 于启武.北京文化创意指数的框架和指标体系探讨[J].艺术与投资,2008 (12):67-71.

[149] 于群,李国新.中国公共文化服务发展报告(2012)[M].北京:社会科学文献 出版社,2012.

[150] 余晓曼.城市文化软实力的内涵及构成要素[J].当代传播,2011(2):83-85.

[151] 袁锐.试论宜居城市的判别标准[J].经济科学,2005(4):126-128.

[152] 约翰·霍金斯.创意经济是发展的杠杆[M].宗玉,译.上海戏剧学院学报. 2006(3):13-16.

[153] 张鸿雁.城市文化资本论[M].南京:东南大学出版社,2010.

[154] 张科静,仓平,高长春.基于 TOPSIS 与熵值法的城市创意指数评价研究 [J].东华大学学报(自然科学版),2010(2):81-85.

[155] 张婷婷,徐逸伦.我国创意城市发展理念之反思[J].现代城市研究,2007 (12):32-39.

[156] 张伟.西方城市更新推动下的文化产业发展研究[D].山东大学,2013.

[157] 张文新,王蓉.中国城市人居环境建设水平现状分析[J].城市发展研究. 2007(2):115-120.

[158] 张文忠."宜居北京"评价的实证[J].北京规划建设,2007(1):25-30.

[159] 张文忠.宜居城市的内涵及评价指标体系探讨[J].城市规划学刊,2007(3): 30-34.

[160] 张文忠.中国宜居城市研究报告[M].北京:社会科学文献出版社,2006.

[161] 张晓明,惠鸣.创意集群:基本概念与国际经验[J].吉首大学学报(社会科学

版),2007(4):107-111.

[162] 赵丽娜.文化资本:宜居城市建设的重要依托[J].哈尔滨工业大学学报(社会科学版),2011(3):71-75.

[163] 赵丽娜.文化资本对城市宜居性的功能研究[D].哈尔滨:哈尔滨工业大学,2009.

[164] 中国宜居城市排行榜联合调查发布[J].商务周刊,2005(Z1):46-48.

[165] 周蜀秦,李程骅.文化创意产业促进城市转型的机制与战略路径[J].江海学刊,2013(6):84-90.

[166] 周小华,傅治平.重塑文化之都:北京市文化体制改革探讨[M].北京:知识产权出版社,2010.

[167] 周志田,王海燕,杨多贵.中国适宜人居城市研究与评价[J].中国人口.资源与环境,2004(1):27-30.

[168] 朱明琪.城市化进程中的人居环境问题研究[D].苏州:苏州科技学院,2010.

后　记

　　学术探索的道路充满了艰辛和寂寞,本书的写作收笔之后,才发现一个研究阶段的结束意味着新的更多的问题。

　　本书的研究得到了上海市哲学社会科学规划中青班专项课题《中国城市国际社交媒体传播效果优化研究》(2014FXW001)的资助,也得到北京市优秀人才培养资助项目《网络传播与城市文化研究》(2011D002035000002)的资助。此外,本书还得到了同济大学中央高校基本科研业务费专项基金资助。感谢我的研究生李莎、朱颖对本课题研究的参与和部分资料的搜集。感谢《社会科学》等学术期刊对本书中部分研究成果的刊载。

　　本书的研究、写作、出版,都离不开同济大学所提供的优越的研究条件、教学环境和学术扶持。同济大学优美的湖畔图书馆、长着芦苇的水系、樱花道和学校的咖啡馆都留下了我的美好记忆。希望这本书是本人献给2017年学校110周年校庆的一份纸张虽薄、心意却厚的小礼。

　　在同济的岁月中,众多优秀的老师、学生都给我留下了深深的烙印,他们的学养、品德、勤奋、活力也都让我不断汲取着前进的动力。

　　感谢父母和家人对我学术工作的支持和理解。父母虽然不是学术界的圈内人士,对学术界或许也缺了解,但他们以包容与爱,对于我选择学术工作、追求学术事业予以充分的尊重。父母心之深切,是子女难以回报的。

　　感谢同济大学出版社以及本书的责编丁会欣老师对该书出版的大力支持和付出。每次我拿到重新校正一遍之后的书稿,从设计、封面、主题到字句等各处或宏观、或细小的编辑修改,都深知出版社和丁会欣老师为本书所付出的大量心血之不易。

徐　翔

2017 年 2 月 1 日